Scratch少儿编程思维训练

马 敏 贺 森 / 著

- 从入门到精通
- 培养学生的逻辑思维和计算思维能力

中国科学技术大学出版社

内 容 简 介

图形化编程是少儿学习编程的入门课程。本书包含近50个图形化编程案例,贴合少儿学习认知的不同层面,包括故事、动画、音乐、艺术、游戏、趣味数学等,系统介绍了编程软件的各个模块的功能和使用方法。案例程序附有二维码,学生可以通过扫码来体验程序。在每个章节后都配备了对应的练习,以加强少儿对于所学知识的理解,满足部分少儿对于少儿编程等级考试与竞赛的需求。

本书对于编程模块运用的介绍较为系统,教学案例丰富,由浅及深,从理论和实践层面锻炼学生的编程思维和动手实操能力,帮助学生掌握编程的基础知识和技能。本书适合小学生、学校科技社团、编程机构以及编程入门爱好者学习。

图书在版编目(CIP)数据

Scratch少儿编程思维训练 / 马敏,贺森编著. -- 合肥 :中国科学技术大学出版社,2025.5. -- ISBN 978-7-312-06043-4

Ⅰ. TP311.1-49

中国国家版本馆CIP数据核字第20249NL421号

Scratch少儿编程思维训练

SCRATCH SHAOER BIANCHENG SIWEI XUNLIAN

出版 中国科学技术大学出版社
安徽省合肥市金寨路96号,230026
http://press.ustc.edu.cn
http://zgkxjsdxcbs.tmall.com

印刷 合肥市宏基印刷有限公司

发行 中国科学技术大学出版社

开本 787 mm×1092 mm 1/16

印张 15.75

字数 392千

版次 2025年5月第1版

印次 2025年5月第1次印刷

定价 50.00元

序

2022年新颁布的《义务教育阶段信息科技课程标准(2022年版)》中提出要注重培养学生的核心素养,主要包括信息意识、计算思维、数字化学习与创新和信息社会责任,这四个方面互相支持、互相渗透,共同促进学生数字素养与技能的提升。随着人类社会的发展与进步,培养计算思维能力成为信息时代培养创新人才的需要,也是未来复合型人才所需的一项重要技能,而开展程序设计课程教学是让学生理解并提高计算思维的重要途径。正因为如此,学生的编程教育得到越来越多的关注(美国计算机科学家周以真教授认为计算思维"是一个明确问题和制定解决方案的思维过程")。

Scratch是由美国麻省理工学院开发的一款面向青少年的图形化编程软件。该语言主要针对青少年所设计,用户只需要将色彩丰富的指令方块进行组合,即可创作出多媒体程序、互动游戏、动画故事等作品,进而培养青少年的计算思维与编程能力。

本书用Scratch软件引领读者进入编程世界,从编程基础到软件操作,一步步详解。按照功能模块,本书细致介绍指令,并通过实际项目,指导学生探索、建模、编程和体验。项目难度递增,内容生动,由简到繁,易于学习,旨在激发青少年对Scratch编程的热情。

书中的项目难度随着不同功能模块的介绍而逐渐提高,项目的编排由浅入深,内容有趣,图文并茂,每个项目的编程均由自然语言的描述逐步过渡到程序的实现,简单易学,能激发青少年对Scratch编程的兴趣。

本书作为"'一核四级四化'——青少年创客教育14年育人路径"研究成果的重要拓展,凝聚了我们团队对创客教育的深刻洞见和丰富的实践经验。在此,我们深感荣幸地向全国创客大赛评委专家、本书主审朱焱军先生及其团队表达我们最诚挚的谢意。正是他们的深入实践和无私贡献,为我们提供了宝贵的经验与智慧,为本书的完成奠定了坚实的理论与实践基础,也为青少年创客教育的进一步发展照亮了道路。

本书的编写宗旨是培养学生的逻辑思维与计算思维能力。通过本书的学习，学生将在探索中发现问题，在学习中解决问题，进而激发创新意识。我们期望，这本书能够有效地锻炼学生的逻辑思维，提高他们分析问题、解决问题的能力，并且切实提高学生的编程技能与信息素养，为培养新时代的创客人才打下坚实的基础。

马敏

2024年8月14日

目　录

序 …………………………………………………………………………………………（ⅰ）

入门篇　你好，Scratch

第 1 章　Scratch 编程介绍 ……………………………………………………………（3）
第 1 节　什么是编程？ ……………………………………………………………（3）
第 2 节　编程语言 …………………………………………………………………（4）
第 3 节　Scratch 的下载与安装 ……………………………………………………（6）
第 4 节　Scratch 的主界面 …………………………………………………………（7）
第 2 章　标准模块 …………………………………………………………………（9）
第 1 节　运动模块 …………………………………………………………………（9）
第 2 节　外观模块 …………………………………………………………………（18）
第 3 节　声音模块 …………………………………………………………………（27）
第 4 节　事件模块 …………………………………………………………………（32）
第 5 节　控制模块 …………………………………………………………………（37）
第 6 节　画笔模块 …………………………………………………………………（45）
第 7 节　侦测模块 …………………………………………………………………（53）
第 8 节　运算模块 …………………………………………………………………（61）
第 9 节　变量模块 …………………………………………………………………（72）
第 10 节　自制积木模块 ……………………………………………………………（80）

体验篇　感受 Scratch 的神奇魅力

第 3 章　互动艺术 …………………………………………………………………（91）
项目 1　弹来弹去的小球 …………………………………………………………（91）
项目 2　小兔子数蘑菇 ……………………………………………………………（94）

项目 3　炫酷的特效 …………………………………………（97）

项目 4　美丽的夜空 …………………………………………（101）

项目 5　看我施魔法 …………………………………………（105）

项目 6　我爱背古诗 …………………………………………（109）

项目 7　雪花飘飘 …………………………………………（114）

项目 8　遍地开花 …………………………………………（118）

项目 9　鲜艳的五星红旗 …………………………………………（121）

项目 10　璀璨的烟花 …………………………………………（124）

项目 11　像素画板 …………………………………………（128）

第 4 章　创意游戏 …………………………………………（133）

项目 1　小猫捉老鼠 …………………………………………（133）

项目 2　飞翔的小猫咪 …………………………………………（136）

项目 3　疯狂小甲虫 …………………………………………（140）

项目 4　打地鼠 …………………………………………（145）

项目 5　迷宫小游戏 …………………………………………（149）

项目 6　星际旅行 …………………………………………（152）

项目 7　吃豆人 …………………………………………（158）

项目 8　切水果 …………………………………………（162）

项目 9　小恐龙跑酷 …………………………………………（165）

项目 10　成语闯关 …………………………………………（169）

第 5 章　趣味数学 …………………………………………（174）

项目 1　判断奇偶数 …………………………………………（174）

项目 2　绘制蜘蛛网 …………………………………………（176）

项目 3　口算训练器 …………………………………………（179）

项目 4　模拟时钟 …………………………………………（185）

项目 5　平年和闰年 …………………………………………（189）

项目 6　鸡兔同笼 …………………………………………（192）

项目 7　探索圆周率 …………………………………………（195）

项目 8　打擂台 …………………………………………（199）

项目 9　冒泡排序 …………………………………………（203）

项目 10　哥德巴赫猜想 …………………………………………（207）

项目 11　抢十八 …………………………………………（210）

第6章　启迪智慧 ……………………………………………………………………… (214)
项目1　谁是杀手 ……………………………………………………………………… (214)
项目2　斐波那契数列螺旋线 ………………………………………………………… (217)
项目3　词语接龙 ……………………………………………………………………… (222)

第7章　人工智能 ……………………………………………………………………… (227)
项目1　扫地机器人 …………………………………………………………………… (227)
项目2　自助蛋糕屋 …………………………………………………………………… (233)
项目3　垃圾自动分类器 ……………………………………………………………… (235)
项目4　自动走迷宫 …………………………………………………………………… (239)

入门篇

你好，Scratch

第 1 章　Scratch 编程介绍

Scratch 是近些年比较流行的、面向低龄段青少年的编程工具。它的图形化操作界面，让少儿可以很轻松地编写程序。通过 Scratch，可以编写丰富有趣的程序，例如小游戏、动画、故事、音乐等。在这个过程中可以锻炼少儿的逻辑思维，更有意义的是少儿可以通过编程来表达自己的想象、创意。欢迎进入充满魔力的计算机编程世界。本章我们将从三个方面向大家介绍编程。

第 1 节　什么是编程？

编程，顾名思义就是编写程序。那么什么是程序呢？我们是如何编写程序的呢？同学们，也许你们不知道什么是程序，但你一定见过甚至使用过程序。你们熟悉下面的“程序”吗？

上面几款应用程序就是由软件工程师们通过计算机编写出来的。每一个应用程序都有自己的功能，这些功能给我们的生活带来了非常多的便利，也丰富了我们的日常生活。随着计算机科学的发展，越来越多的应用程序被开发出来，程序也越来越强大、越来越智能。

给程序一个专业点的解释：计算机程序是将一组计算机能识别和执行的指令，运行于计算机上，满足人们某种需求的信息化工具。所以程序实际上是一组指令，这些指令能够被计算机识别和执行。

编写程序的过程可以理解为开发软件工程师给计算机下达指令的过程。这个听起来是不是像军训的时候，教官发出的“立正”“向右看齐”“稍息”等指令呢？我们能够听得懂，并按照教官的指令做出对应的动作。这也能帮助我们形象地理解编程的过程。

计算机能够识别什么样的指令呢？换句话说，计算机能够听懂什么样的指令呢？我们将在下一节详细介绍。

程序控制月球探测器完成探测任务

程序控制无人驾驶的汽车行驶

程序控制机器人与人类下棋

军训场景

第2节 编程语言

在上一节,我们向大家描述了什么是程序,进而介绍了什么是编程。我们知道编写程序实际上是给计算机下达一组可以让计算机识别并执行的指令。这本质上是人与计算机交流的过程。就像人与人交流需要语言一样,人与计算机交流当然也需要“语言”作为沟通的工具,否则计算机无法明白人的意图。

人类通过学习,可以使用不同的语言进行人与人之间的交流,比如用普通话、方言甚至是外语。那么计算机语言是什么样的呢?计算机能识别什么样的语言呢?

人与人的交流

人与计算机的交流(编程)

实际上，计算机只识别一种语言，那就是机器语言，下面这一组由 1 和 0 组成的指令就是机器语言的形式。

```
实现2+6的程序指令:

10110000    00000110
00000100    00000010
10100010    01010000
```

机器语言

我们可以看到，机器语言实现的“2 + 6”的指令，看上去非常复杂，而且由 1 和 0 组成的指令非常容易出错，也不容易理解和学习。机器语言是一种低级语言。

随着计算机科学的发展，科学家们发明了汇编语言，进而又发明了更简洁、更容易理解和学习的高级语言。

```
实现2+6的代码
MOV   AL,   6
ADD   AL,   2
MOV   #5,   AL
```

汇编语言

cout<<2+6;　　C++语言

print(2+6)　　Python语言

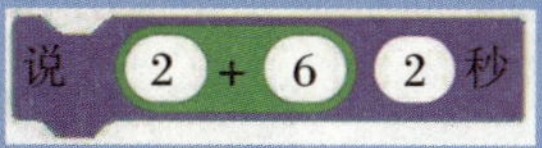

Scratch图形化语言

高级语言

我们可以看到，同样是实现“2 + 6”的指令，高级语言更简洁明了，更方便我们使用。所以我们一般都学习使用高级语言来给计算机编写程序。

可是计算机不是只识别机器语言吗？我们用高级语言编写的程序，计算机怎么能识别呢？这里我们就需要借助一个翻译工具(即编译器)，将高级语言翻译成计算机能够识别的机器语言。不同的高级语言有不同的编译器，我们可以基于不同类型的编译器来编写程序。本书介绍的 Scratch 编程工具，可以理解为是一款图形化编译器。

第 3 节　Scratch 的下载与安装

学习图形化编程工具，首先要学习如何下载并安装最新的 Scratch 软件。Scratch 是麻省理工学院的“终身幼儿园团队”在 2007 年发布的，先后经历了 1.4 版本、2.0 版本和 3.0 版本。本书教学采用最新的 Scratch 3.0 版本。

我们可以从 Scratch 中文网站下载这一软件。

第一步，打开网站 https://www.Scratch-cn.cn/，点击离线版下载。

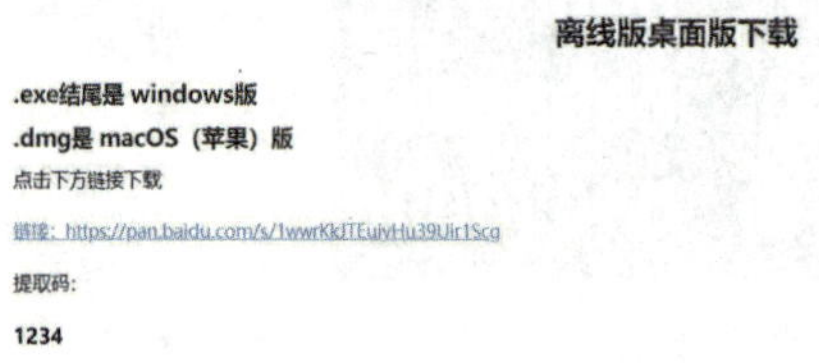

第二步，双击下载好的离线安装程序。

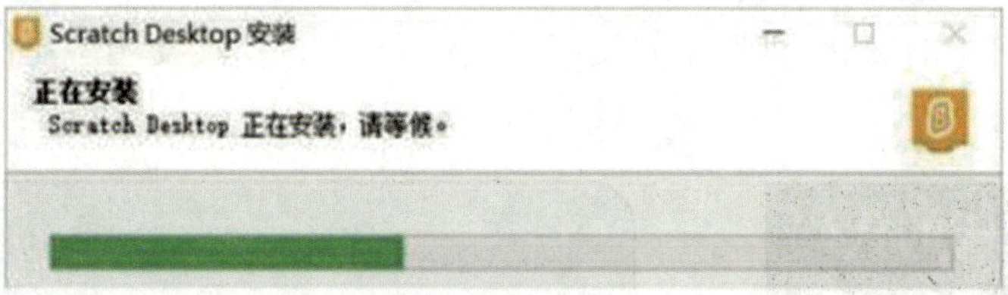

第三步，安装完成后，电脑桌面上就会显示出 Scratch 应用程序的图标。

第四步，双击应用图标，打开 Scratch，即可开始充满趣味的编程之旅！

第 4 节　Scratch 的主界面

初次打开 Scratch，系统默认的是英文界面。我们可以点击左上角的球形标志，在语言菜单里选择简体中文就行了。

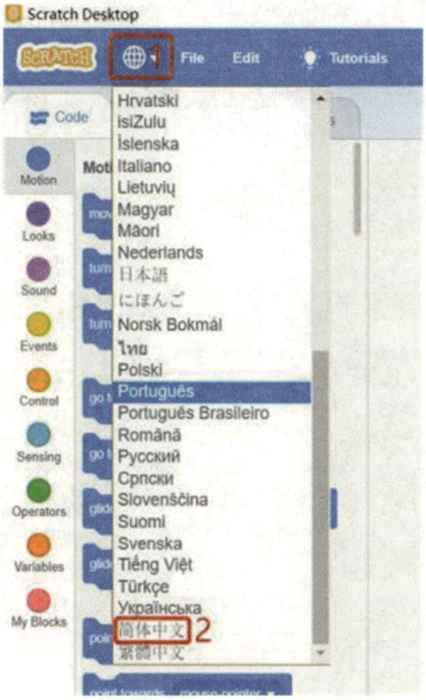

Scratch 功能分区

Scratch 的主界面有四个功能分区，分别是指令块区、脚本区、舞台区和角色背景区。

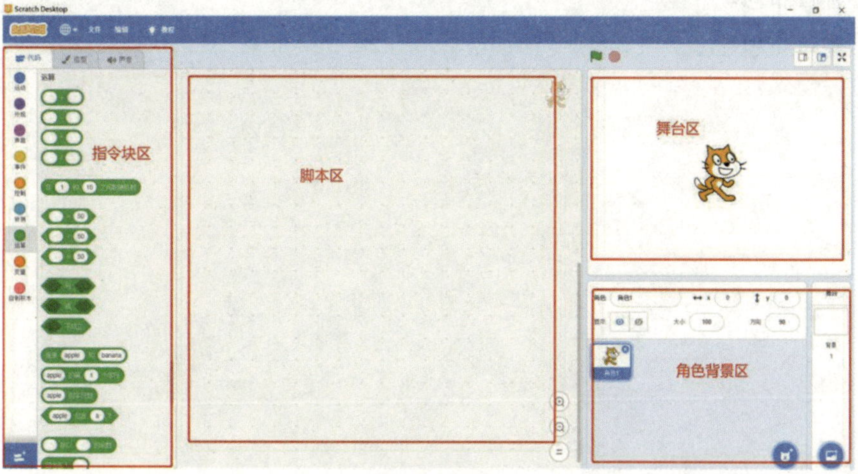

指令块区：包含编写程序需要的所有指令。Scratch对所有的指令按照功能进行了模块化分类，并使用不同的颜色进行了区分。

脚本区：是拖拽指令后存放指令的地方，若干条指令按照一定的逻辑关系组合成完整的程序，程序控制角色和背景。

舞台区：编写好的动画、游戏等将在舞台上呈现。

角色背景区：设定程序中包含的角色、背景。

其他功能按钮

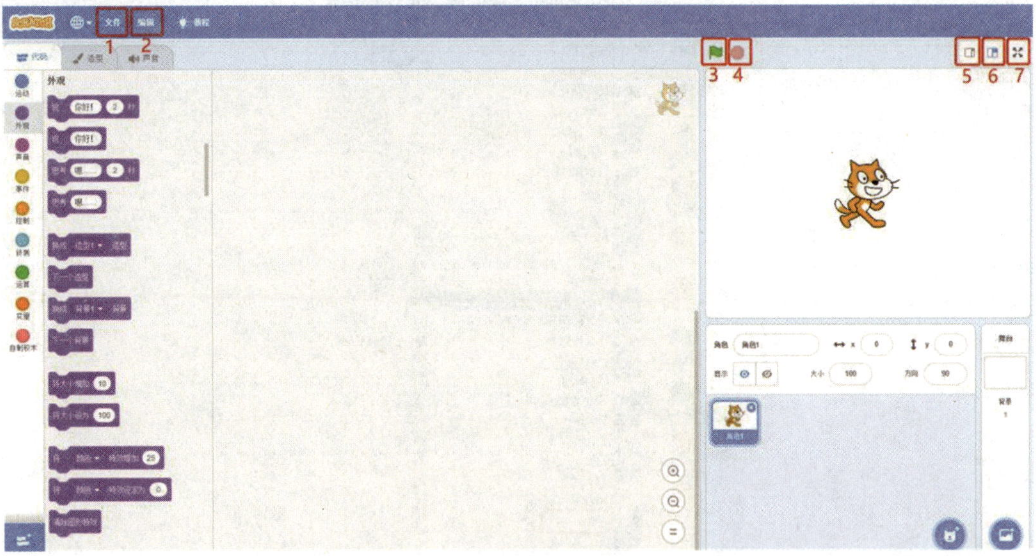

1. 新建程序、打开或保存程序。
2. 撤销操作（不小心误删背景、角色时可以恢复）、加速脚本运行。
3. 启动程序的按钮。
4. 停止程序的按钮。
5. 小舞台布局。
6. 大舞台布局。
7. 全屏模式。

第2章 标准模块

本章我们将按照不同功能模块的分类，对模块下的指令进行系统介绍；结合实际案例，学习如何使用不同指令；结合程序的三大逻辑结构（顺序结构、选择结构和循环结构）创作有趣且功能强大的程序。

第1节 运动模块

学习内容：让角色动起来是运动模块的主要功能，例如让角色移动、旋转等等。

学习重点：移动 10 步 移到x: -88 y: 14

学习难点：坐标、方向。

1.1 新建项目

添加角色和背景是编写程序的前提条件。没有角色和背景，Scratch 编程就无法进行下去。所以我们首先要学习如何添加角色、背景。

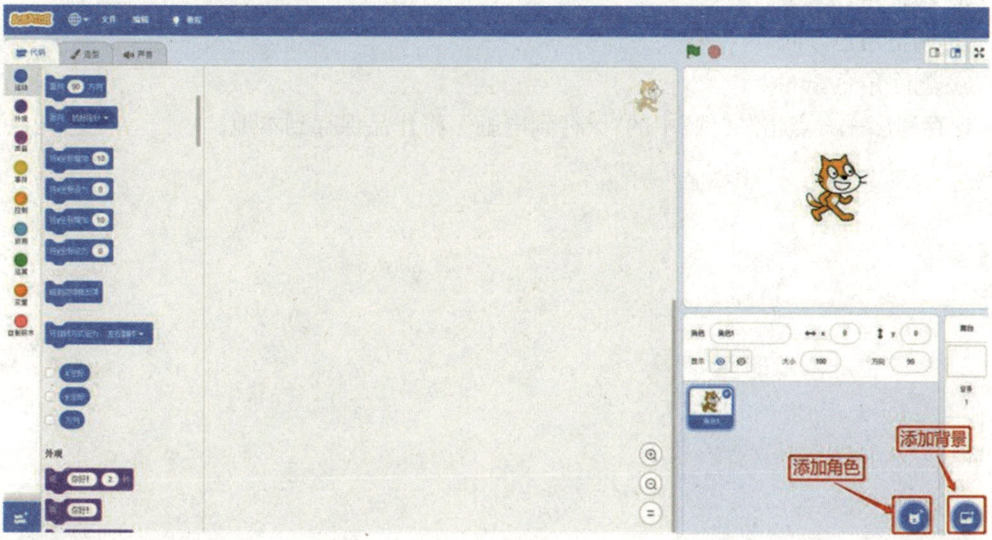

上传角色或背景。当角色库中的角色或背景库中的背景无法满足程序的需求时，我们可以上传自行准备的角色或背景，可以是下载的图片、拍摄的照片等。

在角色库中随机选择一个角色或背景。

绘制一个角色或背景。

在角色库中选择一个角色或在背景库中选择一个背景。

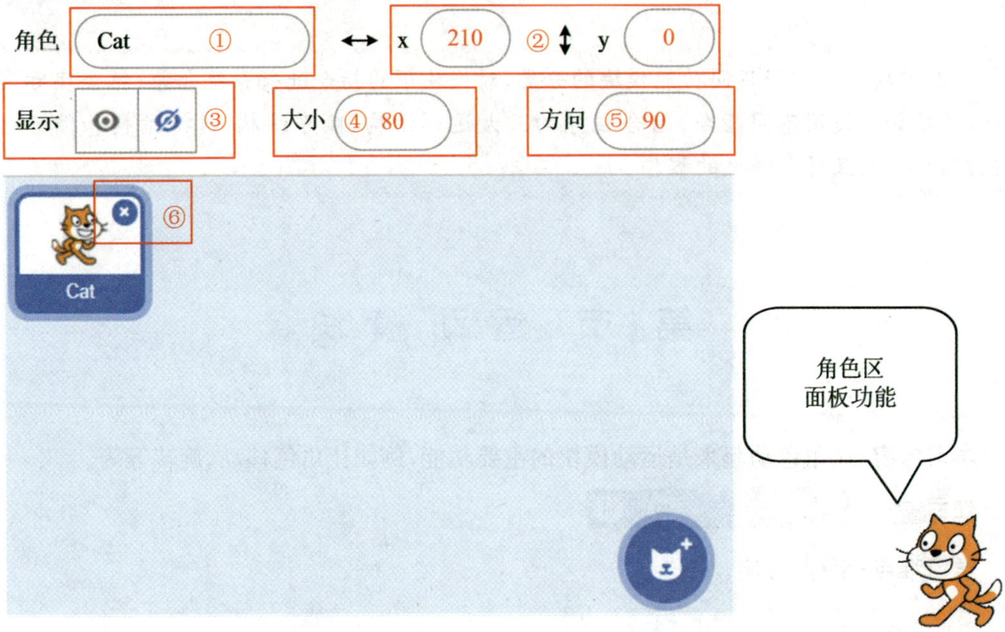

① 角色名称。可以进行更改。

② 显示角色当前所在的坐标位置。

③ 角色显示或者隐藏。

④ 调整角色大小。

⑤ 调整角色方向。

⑥ 删除角色。

保存程序——点击“文件”中的“保存到电脑”，将作品保存到本地。

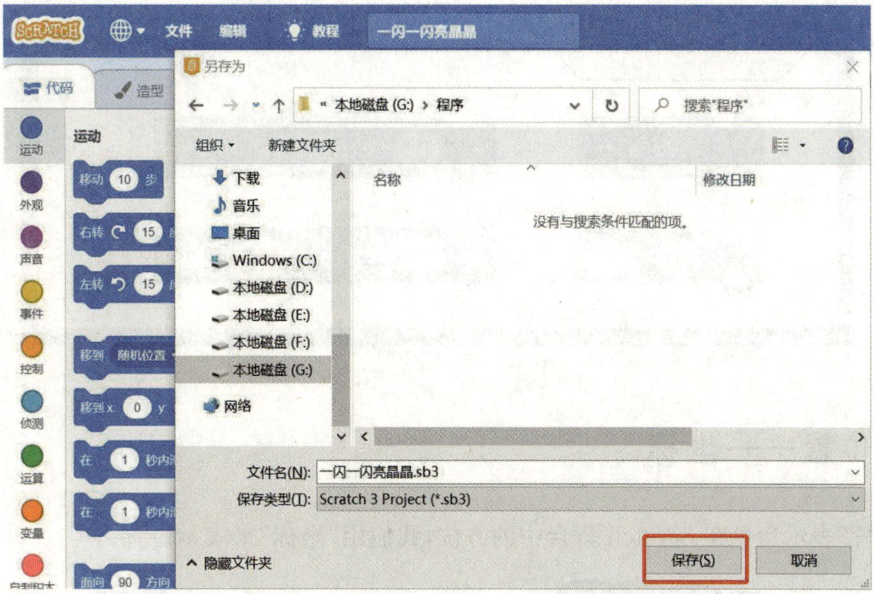

角色移动

1. “移动10步”，角色沿着默认方向(向右)前进10步。
2. “10步”在舞台上是一段很小的距离。
3. 这里的“10”，我们叫作参数，它是可以更改的。

角色旋转

1. “右转15度”，角色顺时针方向旋转15°。
2. “左转15度”，角色逆时针方向旋转15°。
3. 这里的“15”，我们叫作参数，它是可以更改的。

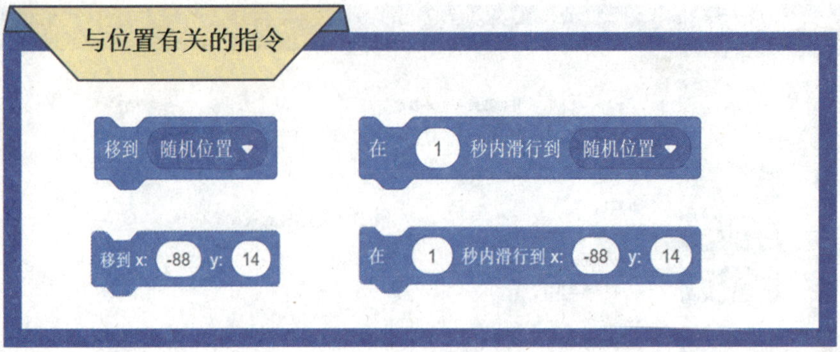

1.2 位置——坐标

“位置”表示角色在 Scratch 舞台中的方位，我们用“坐标”来表示位置。

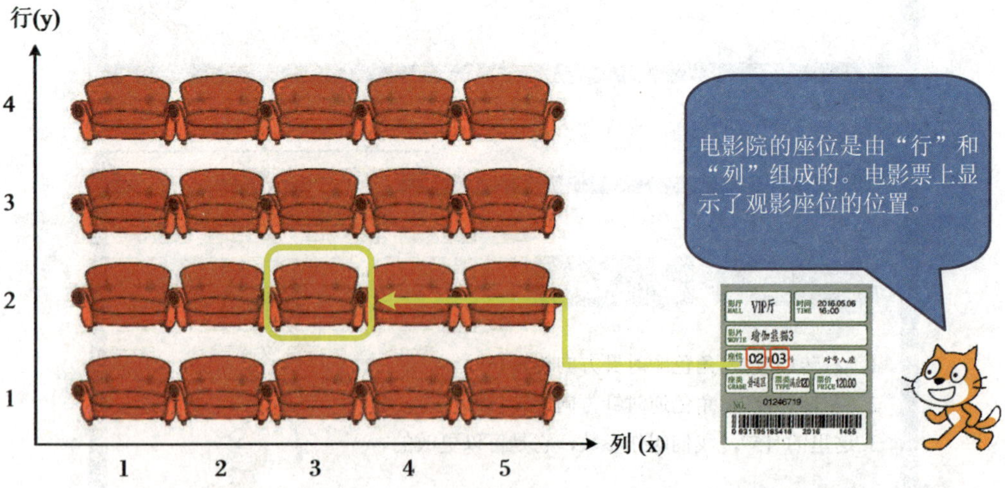

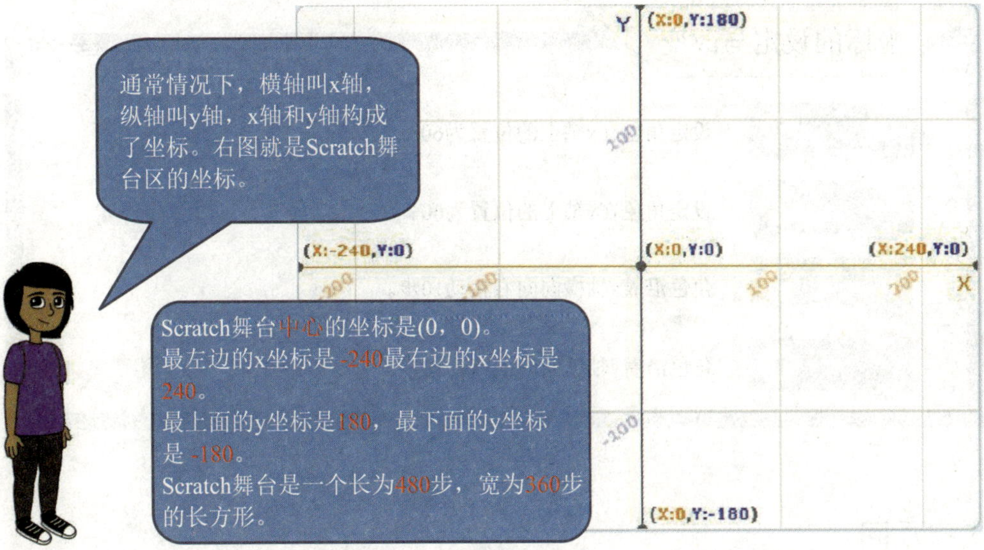

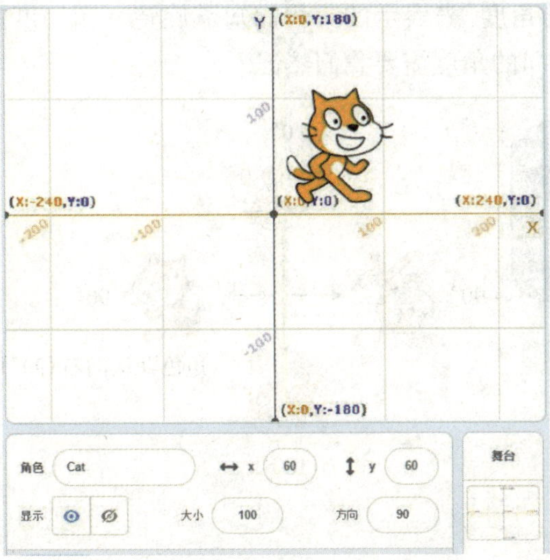

- 角色区可以看到角色当前的坐标。
- 小猫的坐标是(60，60)。
- x坐标表示横向位置。
- y坐标表示纵向位置。

“随机位置”指的是舞台上的任意位置。角色快速移动到舞台任意位置。看不到角色移动的过程。

角色在1秒钟内移动到任意位置，这里的参数越大，角色移动的速度越慢。舞台上能看到角色移动的过程。

角色快速移动到(-88，14)。看不到角色移动的过程。通常使用这个指令来设定角色在舞台上的初始位置。

角色在1秒内移动到(-88，14)。能看到角色移动的过程。

坐标的设定与改变

设定角色在x轴上的位置为60。

设定角色在y轴上的位置为60。

角色沿着x轴横向向右移动10步。

角色沿着y轴纵向向上移动10步。

1.3 方向

Scratch 中的方向是通过“面向不同的角度”来表示的。我们知道旋转一圈用度数表示是 360 度。在 Scratch 中表示一些特殊方向的角度需要我们熟记。

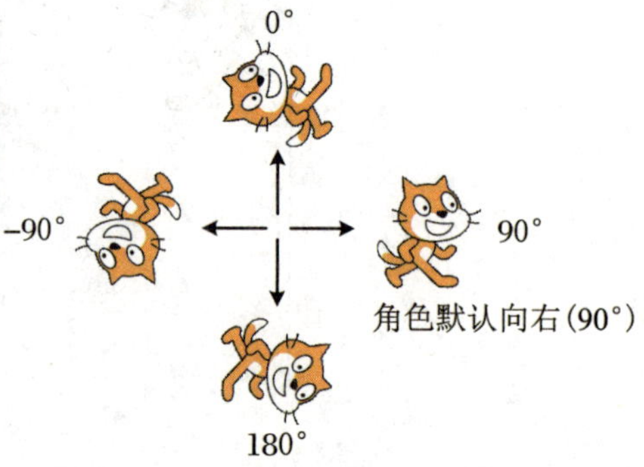

方向

我们可以通过拨动指针或改变参数，调整角色面向的角度。

角色面向鼠标指针或者其他的角色。

设定角色的旋转方式，角色有三种旋转方式。

拨动“面向90方向”小圆盘上的指针，观察一下指针向左、向右拨动的时候，参数有什么样的变化。

试一试

一般情况下，我们设置角色的方向时也需要设定旋转方式。什么是旋转方式呢？

旋转方式

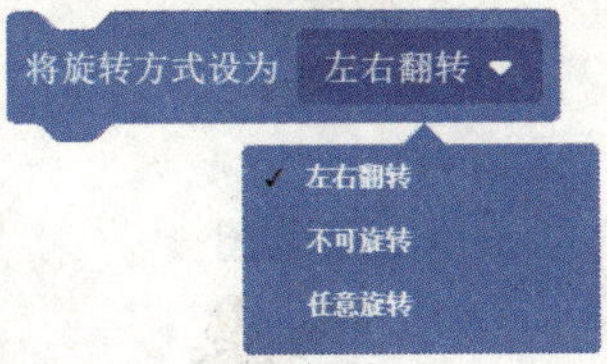

旋转方式是相对于“碰到边缘就反弹”而言的，不同旋转方式，角色的反弹状态是不一样的。

角色在移动的过程中碰到舞台边缘会朝相反方向移动。

我们也可以通过角色区上边面板中的“方向”来调整旋转方式。

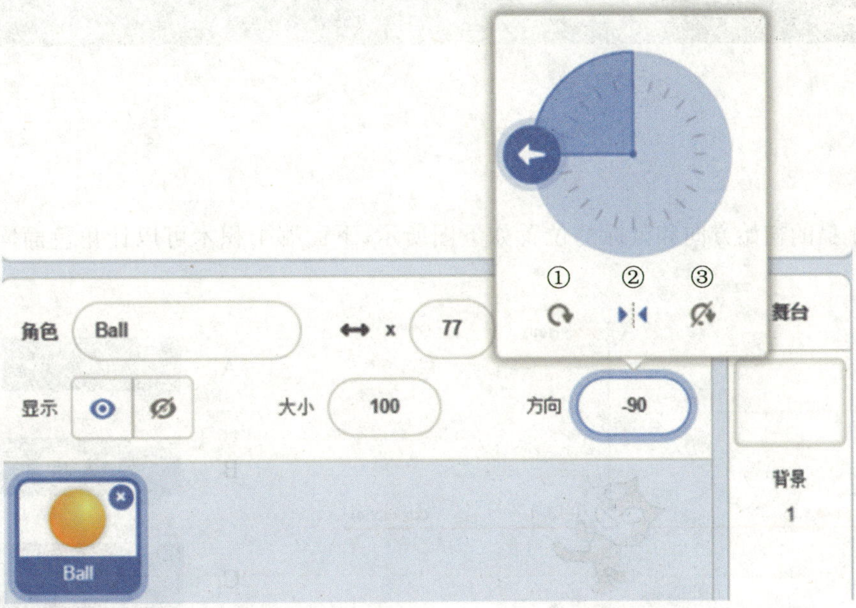

① 任意旋转　　② 左右翻转　　③ 不可旋转

小猫面向右侧移动碰到边缘后，不同的旋转方式下会呈现不一样的反弹效果。

试一试

试一试不同旋转方式下角色的反弹，说一说它们有什么区别。

练习一

1. 小猫的初始方向和鼠标的位置如下图所示，下面哪个积木可以让角色面向正右方？（　　）

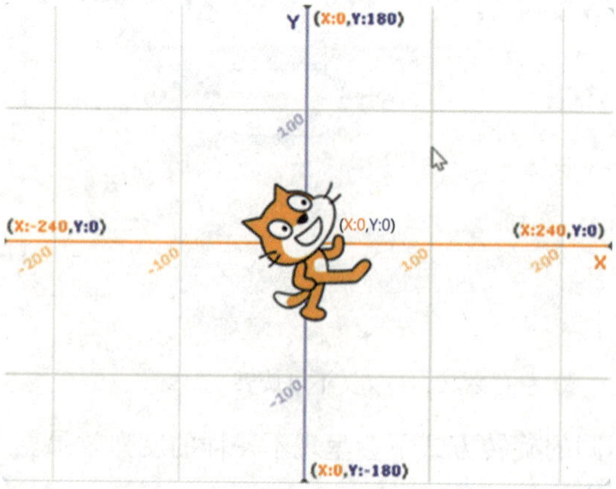

A. 

B. 

C. 

D. 

2. 小猫在舞台上左右来回走动，使用下面哪种旋转方式最合适？（　　）

A. 

B. 

C. 

D. 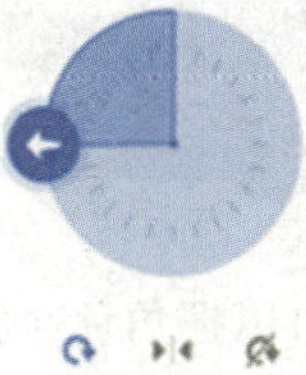

3. 我们通常使用哪一个指令来设定角色的初始位置？（　　）

A. 

B. 

C. 

4. 运行下面的程序后，小猫的方向是（　　）。

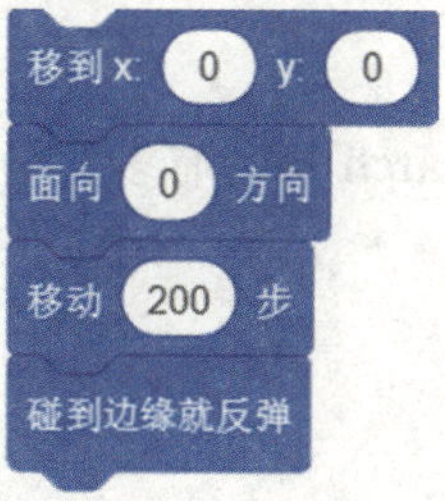

A. 0°

B. 90°

C. 180°

D. –90°

5. 与 

有相同效果的指令是哪一个？（　　）

A. 

B. 

C. 

6. 执行下面一段程序后，我们可以看到小猫（　　）。

A. 向右旋转一圈

B. 向左旋转一圈

C. 不动

7. 下面哪个坐标可以把角色小猫移动到舞台左下角？（　　）

A. 

B. 

C. 

D. 

大胆想一想

Scratch 舞台的长度单位叫“步”，你知道 Scratch 舞台有多宽吗？有多高呢？

我学到了什么？

第 2 节　外 观 模 块

学习内容：主要学习外观模块的相关指令。外观主要呈现角色或舞台的样子。通过编写外观模块相关指令的脚本，让我们的程序更具个性化、更具美感和观赏性。

学习重点：

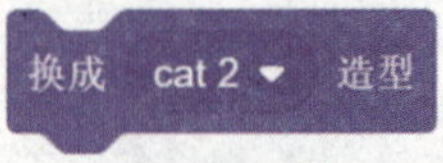

学习难点：造型编号、背景编号的运用。

2.1 说……(输出)

程序的内容输出是通过“说”来实现的。“说”是我们和电脑程序进行交互的主要途径。我们可以通过“说”实现角色之间的对话、故事情节的文字描述、程序的开场介绍等。

角色说话和思考

说 你好! 2 秒	角色说“你好”2秒后，停止执行。
说 你好!	该指令后面如果没有其他指令，角色将一直说“你好”。
思考 嗯…… 2 秒	角色思考2秒后，停止执行。
思考 嗯……	该指令后面如果没有其他指令，角色将一直“思考”。

我们一起来看看小男孩 Devin 介绍自己的程序：

```
当 ⚑ 被点击
说 你好！我是Devin。 2 秒
说 我是一名三年级的小学生, 2 秒
说 我喜欢书法和画画, 2 秒
说 向我介绍一下你自己吧！ 2 秒
```

程序会按照从上到下的顺序，依次快速执行所有的指令，每一条指令执行的时间是2秒钟(时间参数可根据说话内容的长短做相应调整)。

试一试

用 说 你好! 2 秒 编写一个自我介绍的程序吧！

再试一试用 说 你好! 编写一个自我介绍，你能发现什么？

你有没有发现 Devin 说话的时候，他的嘴巴是不动的，也没有任何肢体语言。我们能否给他加上肢体语言，让程序展现的结果更加生动形象呢？这里就要使用到非常重要的知识：角色的造型。

2.2 造型与背景

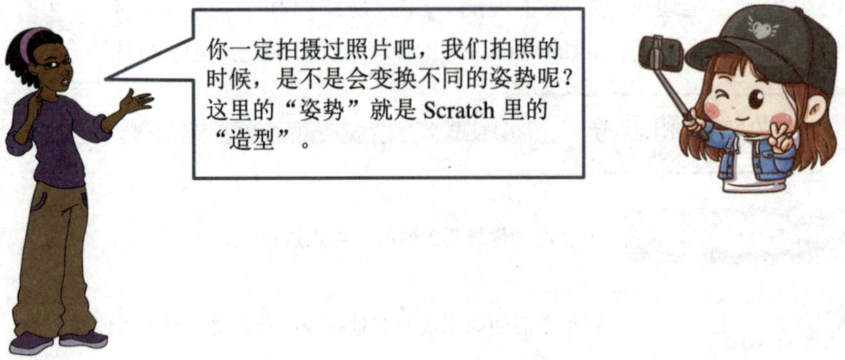

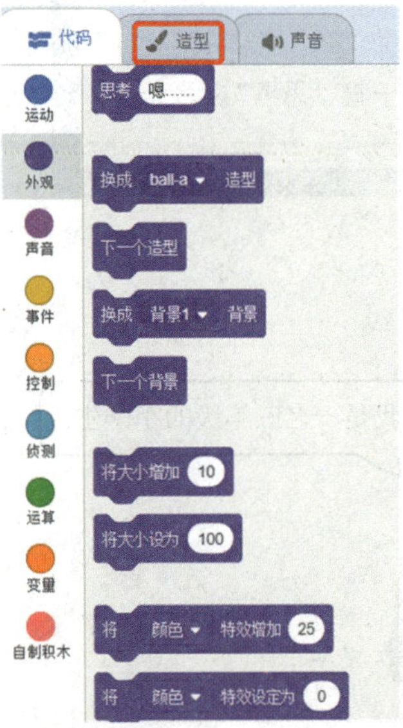

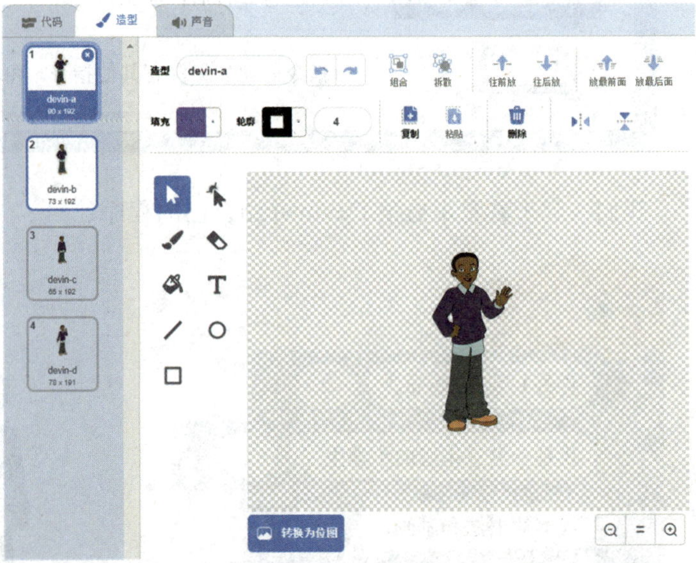

在指令块区的上方，有一个标签“造型”，点开这个造型标签就可以看到角色的不同姿态。任何一个角色都至少有一个造型。造型由上到下，从1依次进行编号。

参数指令“造型 编号”表示所选角色当前的造型编号。

在造型编辑区域，我们可以更改造型的名称、大小以及绘制造型等等。

造型与背景

换成 devin-a ▾ 造型	换成指定的造型。
下一个造型	当角色包含多个造型时，依次换成下一个造型。
换成 背景1 ▾ 背景	换成指定背景，用于改变场景。
下一个背景	当角色有多个背景时，依次换成下一个背景。

提示 点击背景时，运动模块里没有显示任何指令，这是因为舞台背景是无法移动的。

2.3 造型中心

“造型中心”是角色造型的中心位置，它实际上表示角色当前的坐标位置。例如，“移到角色 1”实际上是移到“角色 1”的造型中心上。它可以在角色的身上，也可以在角色的外面。角色是围绕造型中心旋转的。那我们如何设定和更改角色的造型中心呢？

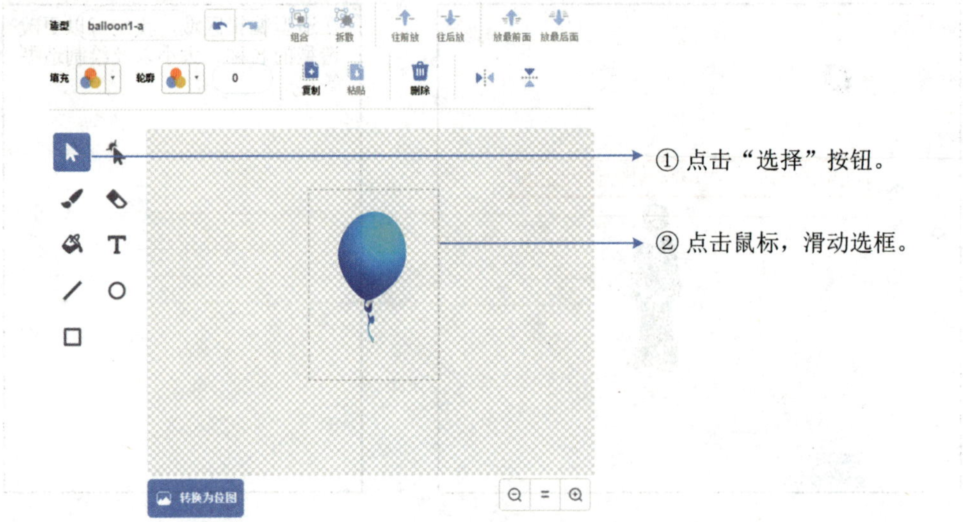

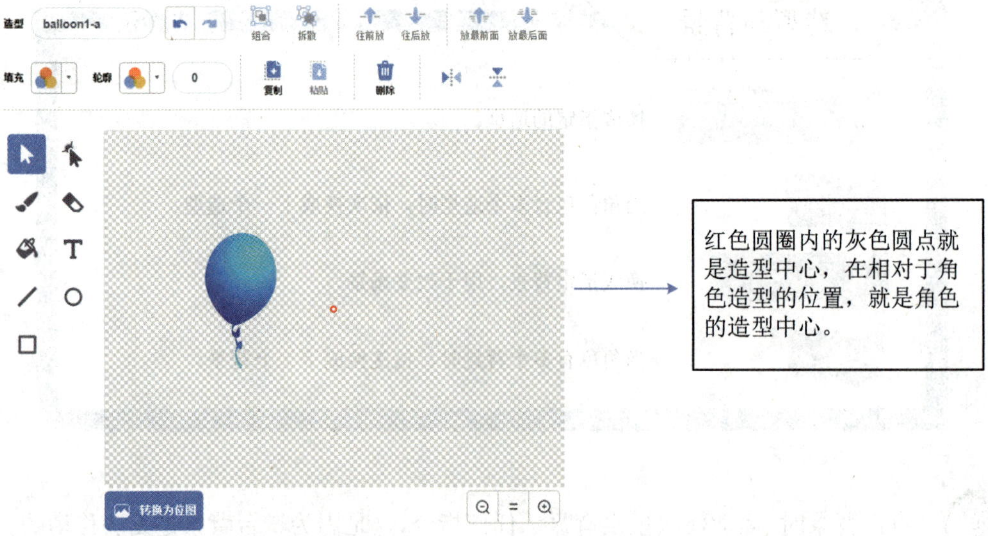

我们以气球旋转为例，看看基于不同位置的造型中心，气球是如何旋转的。

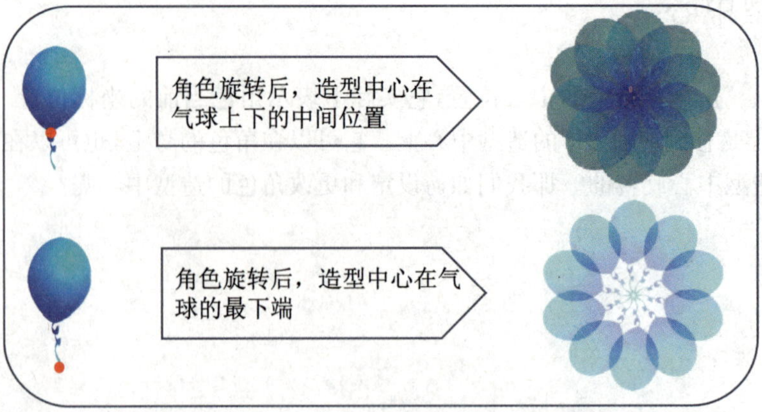

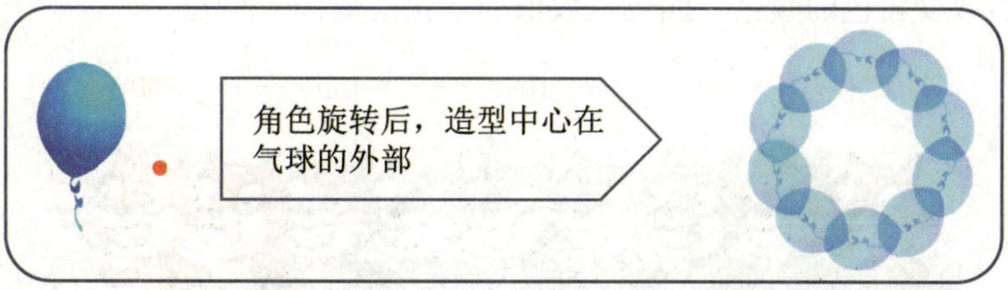

试一试

选择一个你喜欢的角色，尝试将它的造型中心改变到不同的位置，通过点击旋转15°的指令，看看角色是如何旋转的。

2.4 特效

特效

设定特效的参数值，特效初始化。

增加或减少特效值。

清除所有图形特效。

特效，顾名思义就是特殊效果。特效能让我们的程序更具美感。

点开特效名称后的白色倒三角形，可以选择角色的 7 个特效，分别是：颜色、鱼眼、漩涡、像素化、马赛克、亮度和虚像。

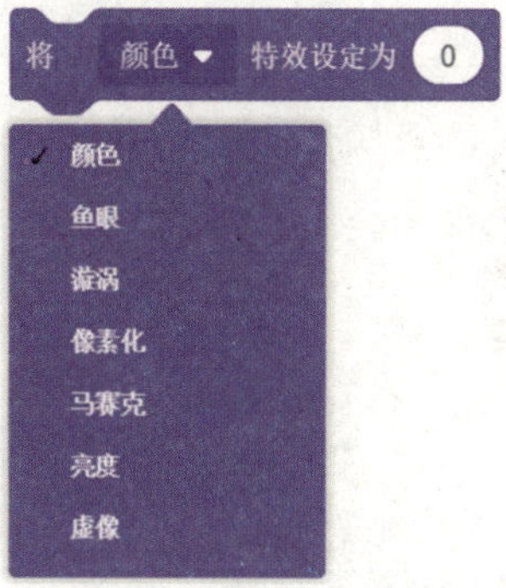

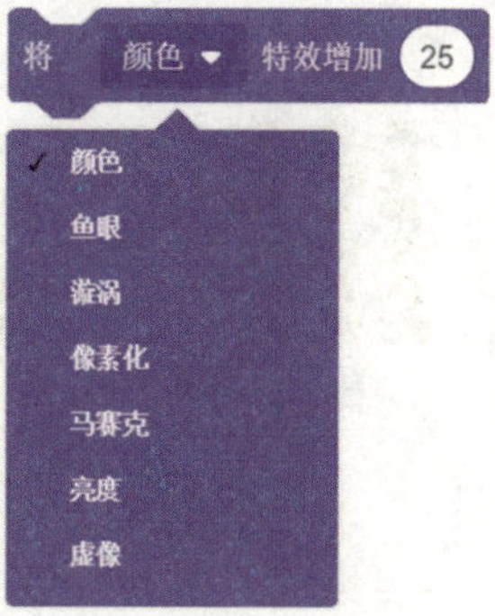

颜色特效:改变角色的颜色。颜色特效值的变化范围:0～200。

鱼眼特效:使得角色产生凸起和凹陷的效果。

漩涡特效:使角色发生扭转。

像素化特效:使角色变模糊。

马赛克特效:使角色分裂为多个。

亮度特效:使角色变明亮或变黑暗。变化范围:－100～100。

虚像特效:使角色变实或变虚。变化范围:0～100。

试一试

选择一个你喜欢的角色，尝试切换它的不同特效。

练习二

1. 当前造型是最后一个造型,执行“下一个造型”,造型会切换为(　　)。

A. 第1个造型　　B. 倒数第2个造型　　C. 最后1个造型

2. 下面哪个积木可以使角色“说”一些内容,并且说的内容不会自动消失?(　　)

A. 

B. 

C. 

D. 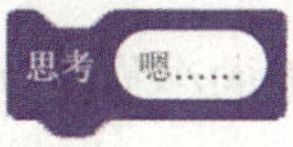

3. 颜色特效的数值变化范围是(　　)。

A. 0～100　　B. 0～200　　C. 0～240

4. 舞台背景与角色相比,哪个模块是没有指令的?(　　)

A. 运动模块　　B. 外观模块　　C. 声音模块　　D. 事件模块

5. 下面哪个造型与当前造型相同?(　　)

A. 3

B. 4

C. 5

D. 6

6. 关于造型的说法正确的是(　　)。

A. 角色有且只有一个造型

B. 角色必须有多个造型

C. 角色至少有一个造型

D. 角色可以没有造型

7. 角色有4个动物造型，当前造型为熊，下列哪个程序执行完成后，造型不能切换为螃蟹？(　　)

A. 

B. 

C. 

D. 

8. 执行下面哪个积木指令后，舞台上的小猫角色就会隐藏？(　　)

A. 

B. 

C. 

D. 

大胆想一想

特效是程序中常用的效果，也是本节中的重要知识点。回忆一下，一共有哪几种特效？

每种特效各有什么作用?

我学到了什么?

第3节 声音模块

学习内容:声音是程序中不可缺少的元素,尤其在游戏、动画中,它可以使得我们创作的游戏、动画变得有声有色。我们还能通过声音模块,创作音乐方面的程序。Scratch 的声音库有着极其丰富有趣的声音,同时我们也可以录制自己的声音上传到程序中,这让程序非常具有特色。快点行动起来,让你的程序“响”起来!

学习重点:“播放声音”“播放声音等待播完”。

学习难点:区分音量与音调。

3.1 播放声音

我们点击指令块区的声音标签。

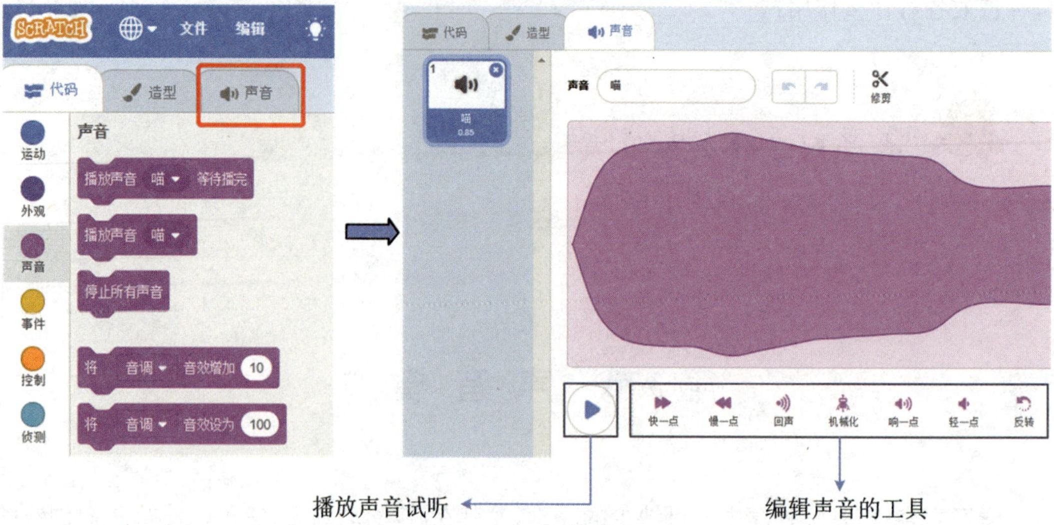

那么如何添加声音素材呢？在声音标签的左下角，有添加声音的按钮。我们可以通过四种方式添加声音素材。

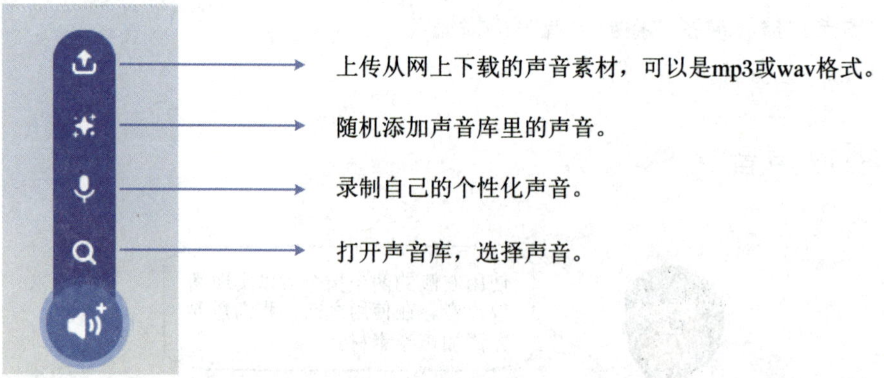

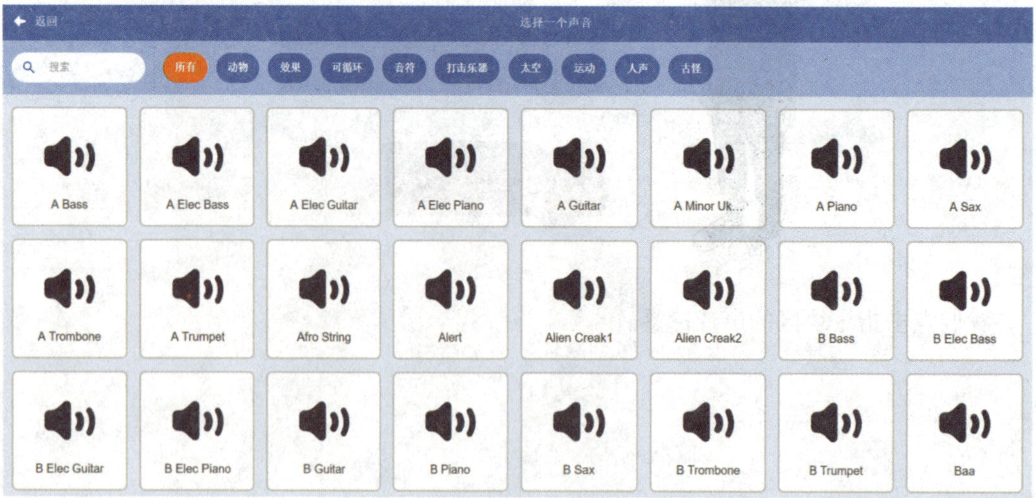

Scratch的声音库有着非常丰富的声音素材，并对不同的声音素材进行了分类。可以在分类中查找或者在左上角搜索需要的声音。

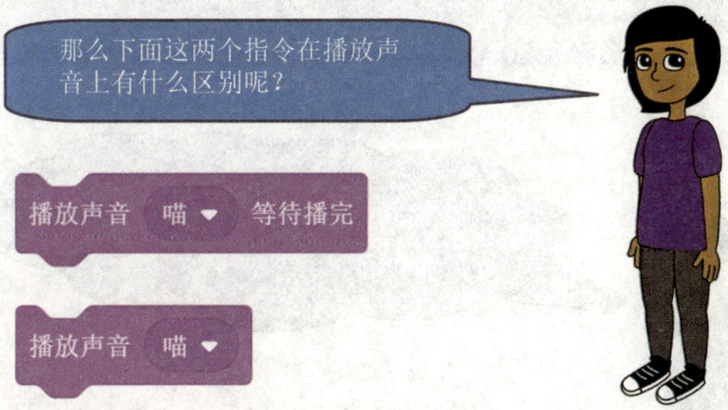

同学们可以尝试编写运行以下两段脚本，说一说两种“播放”的区别。

播放完“喵”声音之后，说“你好！”。两条指令有先后顺序之分。

播放“喵”声音的同时，说“你好！”。两条指令几乎同时执行。

3.2　音量与音调

音量与音调

设定声音的音量为固定值。

改变声音的音量，音量为0时，无法听到声音。

音调为0，声音是正常调子。

增加声音的调子。

音量反映声音的响度。音调反映声音的音高。除了“音调”音效，还有“左右平衡”音效。“左右平衡”可以让声音“动”起来。

试一试

同学们尝试添加一段声音素材，改变它的“音调”和“左右平衡”，说一说它们的音效有什么区别？

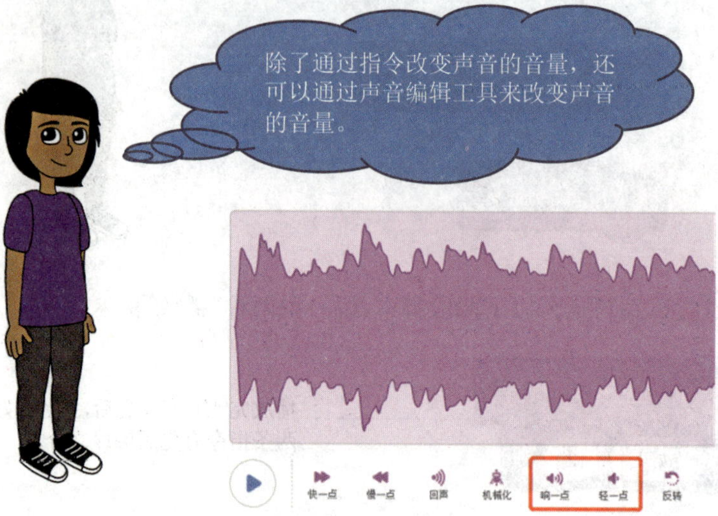

练习三

1. 声音编辑器中，对声音的调整不包含下列哪个选项？（　　）

A. 响一点　　B. 快一点　　C. 重音

2. 下面哪个按钮可以上传声音？（　　）

A. 　　B. 　　C. 　　D. 

3. 对于声音，在程序运行时不能用积木调整的是（　　）。

A. 音量　　B. 音调　　C. 左右平衡　　D. 速度

4. 想要循环播放背景音乐，可以运用哪一个指令？（　　）

A. 

B. 

5. 对角色执行完下面这段程序后，舞台上播放的声音音量为（　　）。

A. 80

B. 60

C. 30

D. 20

6. 在 Scratch 3.0 编辑器中,对声音模块描述正确的是(　　)。

A. 只能在角色中加入声音

B. 只能在背景中加入声音

C. 声音中的音频支持 mp3 和 wav 两种格式

D. 只要程序运行声音就开始播放

7. 小猫过生日,我们为它播放生日快乐歌,之后小猫高兴地发出叫声,下列代码哪个能正确地实现这个场景?(　　)

A. 

B. 

C. 

D. 

8. 丽丽想让声音停止播放,应该选择下列哪个指令?(　　)

A. 

B. 

C. 

D. 

大胆想一想

声音在我们的程序中起着重要的作用，它可以让程序更生动、更形象、更具有个性！学会灵活使用声音，展现自己的创造力吧！

我学到了什么？

第4节　事件模块

学习内容：事件模块指令的主要作用是通过不同的“事件”来启动程序，可以理解为程序运行的开关。就像我们开启一台智能电视，可以使用遥控器开启，也可以用手机控制开启，甚至使用语音功能开启。在Scratch中启动程序的开关有很多，例如“当绿旗被点击”“当角色被点击”“当按下空格键”等。

学习重点：“当按下空格键”“当角色被点击”“当接收到广播”“广播消息”。

学习难点：广播消息、广播消息并等待。

4.1　启动程序的开关

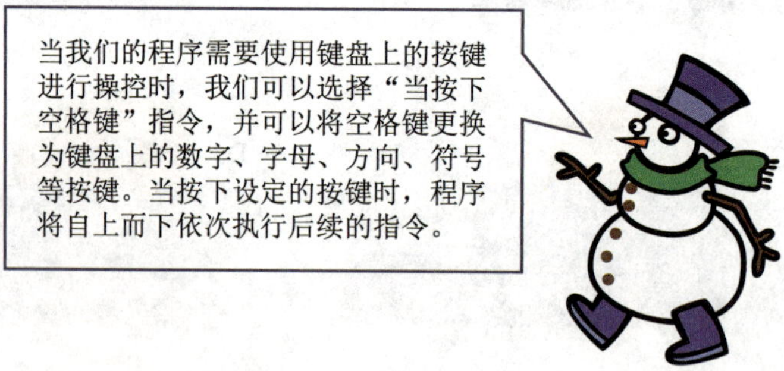

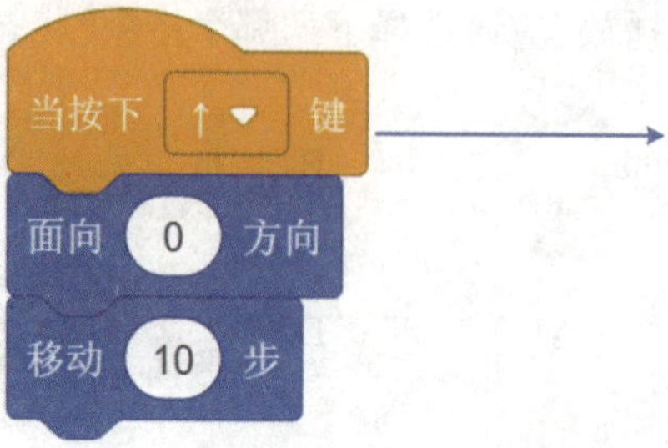

当按下方向键“↑”，角色面向上方移动10步。

通过用鼠标点击角色来启动程序。我们经常在编写“按钮”的程序时用到它。

试一试

试着编写一个程序，用鼠标点击小老鼠的身体，小老鼠会到处乱跑，并发出叫声。

4.2 广播消息

广播

执行“广播消息”的指令后立刻执行后面的指令。消息的名称可以根据需要命名。

执行“广播消息”的指令后程序暂停，等待接收到消息的角色执行完所有指令，再继续执行后面的指令。

接收到消息后，执行后面的指令。

“广播”在程序中起着连接不同角色之间的脚本的作用，让不同角色的指令连贯起来。所有角色都可以发出广播，也都可以接收广播，包括背景。角色还可以接收自己发出的广播。我们来看下面的例子：

丽丽的老师让丽丽表演一段舞蹈，丽丽表演完毕之后，老师夸赞丽丽的舞蹈很好看！

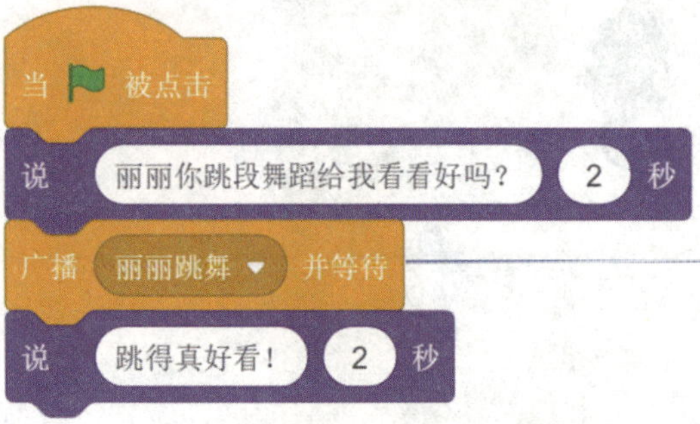

（老师的脚本）

广播消息“丽丽跳舞”后，等待丽丽接收到广播，执行完跳舞（切换造型），接着执行“说跳得真好看！”

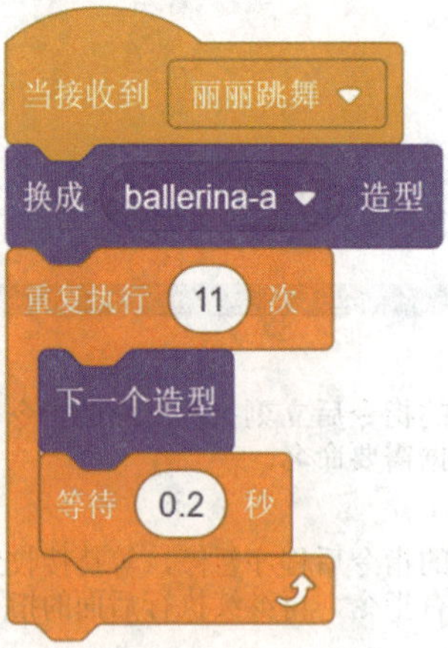

（丽丽的脚本）

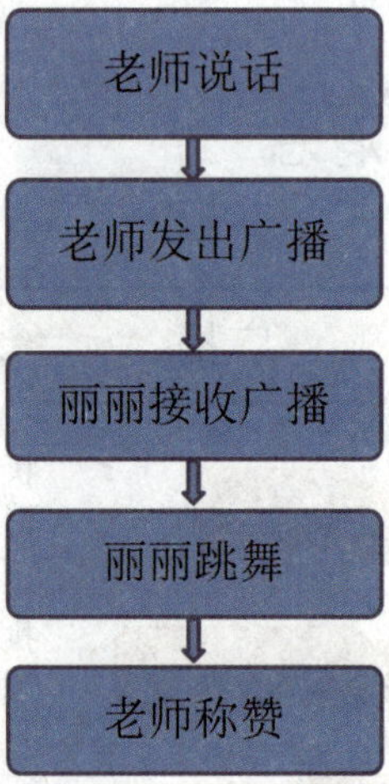

练习四

1. 篮球初始位置在舞台最右侧，大小为 100，鼠标指针在舞台最左侧，执行下面的脚本，则下列选项说法错误的是(　　)。

A. 按下空格键，篮球在滑向鼠标指针的过程中不断变大
B. 按下空格键，篮球在滑向鼠标指针位置后变大
C. 只有按下空格键，篮球才会滑行到鼠标指针位置
D. 按下空格键，篮球会匀速滑动到鼠标的位置

2. 篮球初始位置在舞台最右侧，大小为 100，鼠标指针在舞台最左侧，下列选项错误的是？(　　)

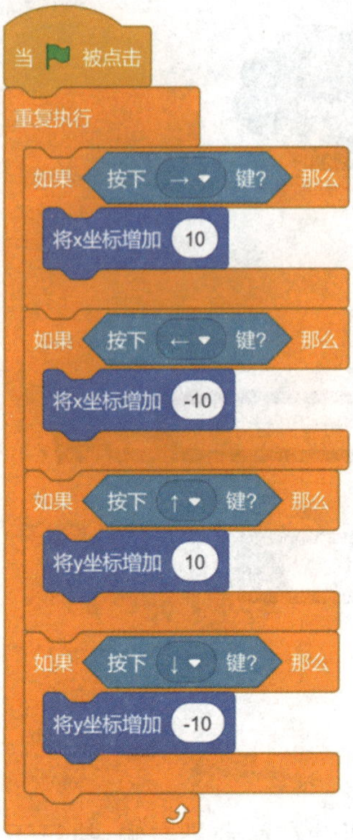

A. 按右方向键，角色x坐标将被设定为10

B. 按左方向键，角色x坐标将被设定为–10

C. 按上方向键，角色将向上移动

D. 按下方向键，角色将向上移动

3. 小猫位置在舞台中心，点击一次小猫后，小猫能前进10步的程序是(　　)。

A. 

B. 

C. 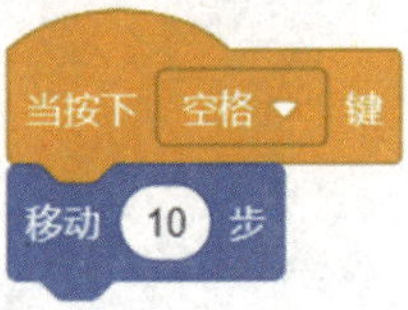

D. 

4. 红绿灯角色的造型和程序如下图所示，现在造型为造型1，点击绿旗后，角色会发生什么变化？(　　)

A. 造型1变为造型2

B. 造型未发生变化，仍旧是造型1

C. 造型1和造型2交替切换

D. 以上都有可能

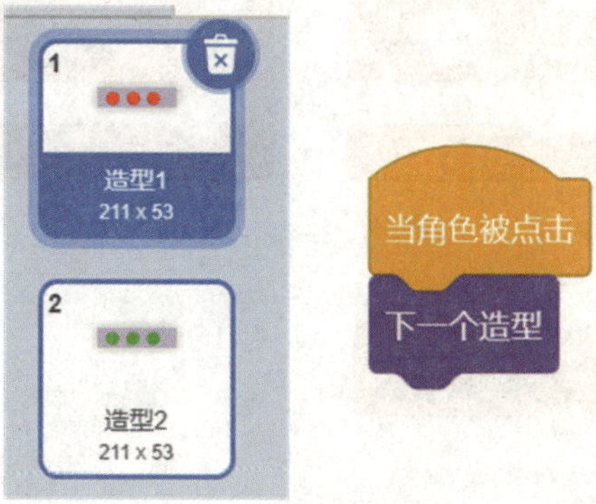

5. 小鹏同学想用键盘控制角色，制作一个游戏作品，需要使用到哪个积木？（　　）

A. 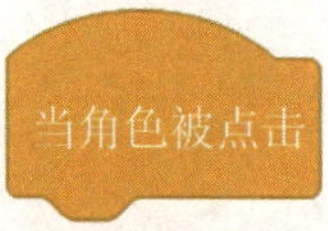

B. 

C. 

D. 

大胆想一想

使用按键控制角色面向4个方向移动，常用的实现方式有两种，一种是使用“当按下方向键”，另一种是使用“循环结合条件判断”指令的方式，这2种方式的区别是什么？

我学到了什么？

第5节 控制模块

学习内容：我们之前实际上已经学习了程序三大逻辑结构中的顺序结构，即计算机指令按照从上到下的顺序依次执行。本节将学习控制模块中的循环结构和条件分支结构。控制模块，顾名思义，就是通过条件、时间等因素来控制程序的执行。主要包括循环控制、条件控制等。控制模块在整个程序中起着非常重要的作用，几乎每一个程序都离不开循环和条件控制，因此本节是我们学习编程的重点。同时，我们还将学习克隆技术，并完成几个有趣的程序。

学习重点：循环——无限循环、有限循环、条件循环，条件分支，克隆。

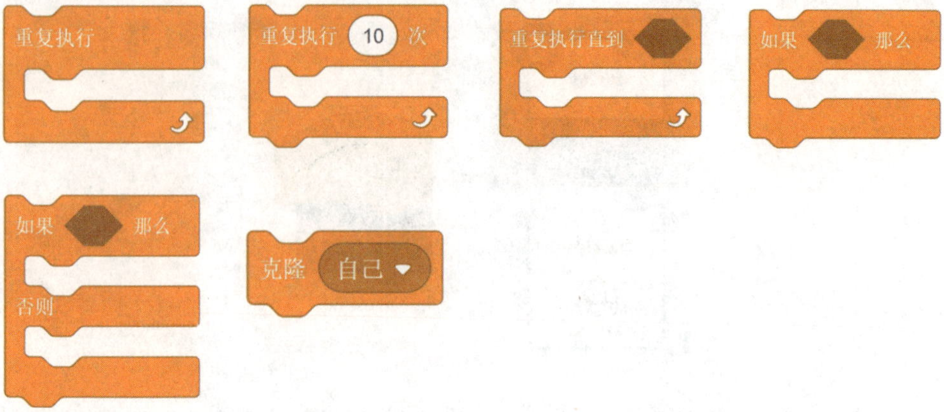

学习难点：克隆、条件循环。

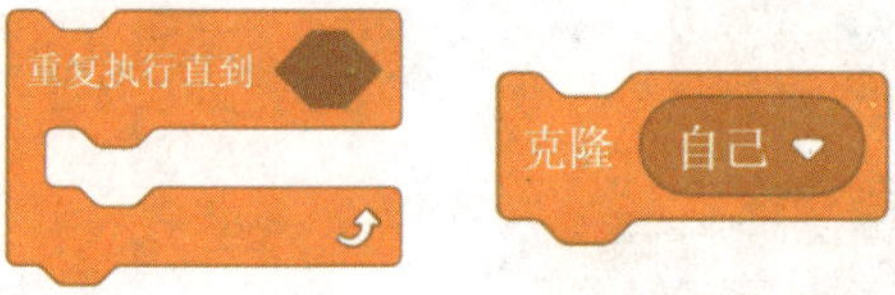

5.1 循环指令

循环

有限循环：套在里面的指令将会重复按照从上到下的顺序，依次执行10次。

无限循环：套在里面的指令将会重复按照从上到下的顺序，依次执行下去。

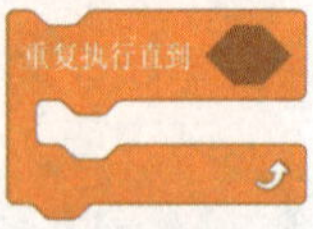

条件循环：套在里面的指令将会重复按照从上到下的顺序，依次执行直到某一条件成立。

试一试

我们以第一节中“移动10步”这个指令为例，同学们分别编写下面的三段指令，说一说它们有什么区别。

当我们需要程序重复不停地工作时，我们就需要用到循环指令。注意观察程序不断工作时，指令的周围有一圈黄色的灯光。循环结构是继之前顺序结构后的第二种程序逻辑结构。

角色移动10步，一共执行10次。执行10次后(角色移动100步)，程序停止。

角色一直移动10步。

角色一直移动10步，按下空格键后，角色停止移动。

试一试

随意选择一个喜欢的角色，让角色一直跟随鼠标移动，如何编写它的脚本呢？

5.2 条件分支

条件分支

如果某一条件成立，执行嵌套在“那么”后面的指令。

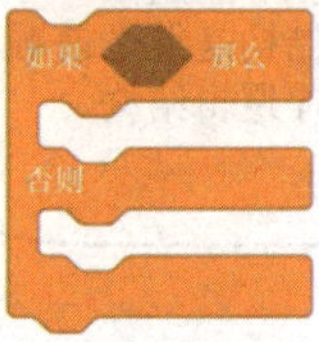

如果某一条件成立，执行嵌套在“那么”后面的指令；反之，如果条件不成立，执行嵌套在“否则”后面的指令。

条件分支指令常用于判断某一条件是否成立，进而根据判断结果，执行不同的指令。条件分支结构是程序的第三种逻辑结构。

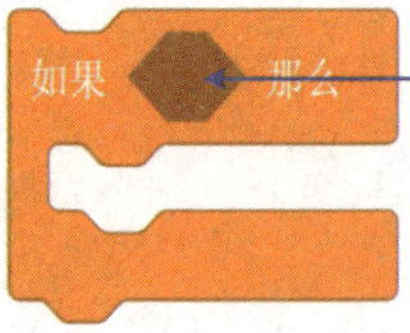

这是表示条件的插槽，这里可以插入以下这样的条件指令：

Scratch 在执行到条件分支指令时，会自行判断条件是否成立。条件指令有两种判断结果，分别是“true”(条件成立)和“false”(条件不成立)。

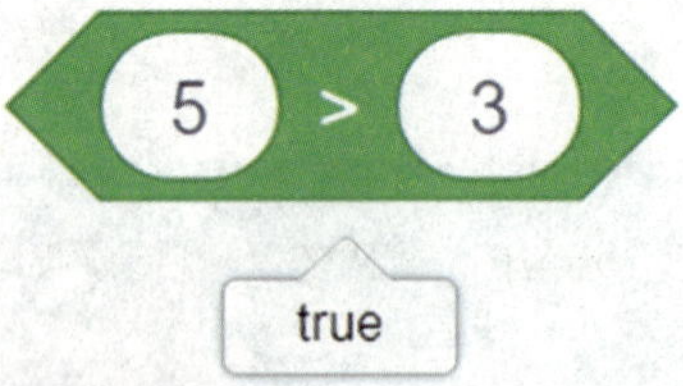

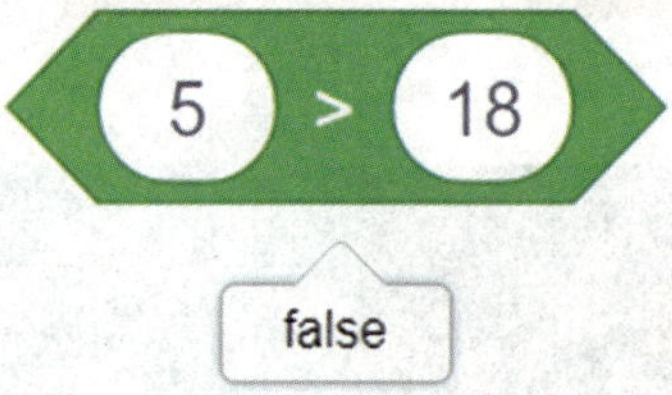

由于指令执行的速度非常快，往往我们在启动程序的时候，条件判断指令就会快速执行结束，因此，在有些程序中，当我们需要全程判断时，我们便将条件分支和循环结构组合使用。

我们已经了解程序的三大逻辑结构：顺序结构、循环结构、条件分支结构。接下来，我们通过流程图来总结一下这三种逻辑结构。

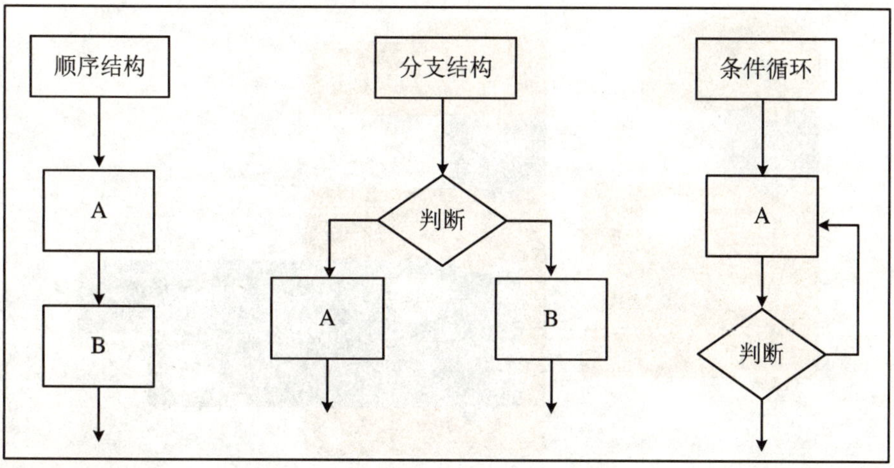

程序执行到该指令时，会先对其中的条件进行判断，条件成立时，执行后面的指令，条件不成立时，程序暂停，直到条件成立。

关于条件指令，我们将在后面的“侦测”模块中详细学习。

5.3 克隆

在很多程序中，需要舞台上同时出现很多相近的角色，例如“雪花飘飘”动画中一片一片的雪花、宇宙空间中不断出现的陨石、游戏中的千军万马等。难道我们需要添加许多个角色吗？当然不是，这个时候我们可以使用 Scratch 中的“克隆”技术来实现。

克隆

克隆当前角色，也可以选择克隆其他的角色，克隆体继承了本体的所有属性，如大小、方向、造型等。

这是启动克隆体的开关，所有克隆体的脚本都是由它来开启的。也只有它下面的指令才能控制克隆体。

删除克隆体。

克隆出来的克隆体，可以像本体一样移动、切换造型、改变不同的特效，甚至可以继续克隆等。我们来看下面这段脚本，说一说舞台上会看到什么？

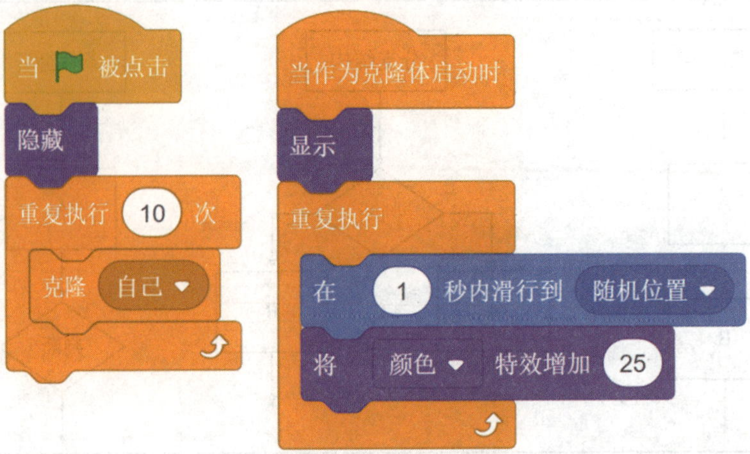

本体通常是隐藏的状态。克隆体执行完所有的脚本，一般需要删除克隆体，因为克隆体比较消耗程序的资源。Scratch 舞台最多可以同时容纳大约 300 个克隆体，超过这个数量，就无法继续克隆了。

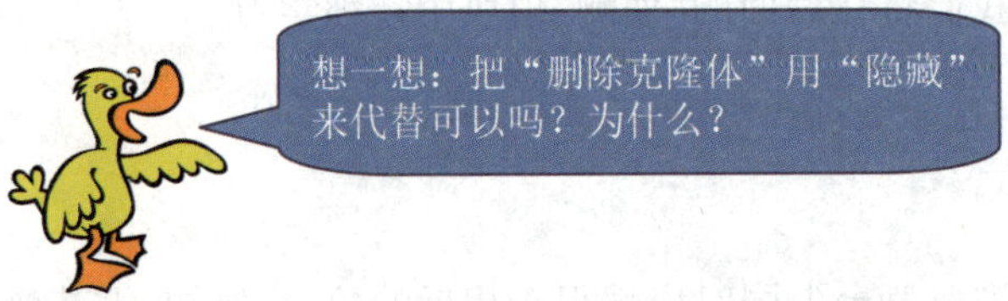

5.4 停止脚本

停止脚本

停止所有角色的所有脚本，终止程序的指令。但不影响 

指令的使用。

停止这个指令所在的脚本。不影响其他脚本的正常运行。

当前脚本继续工作，停止当前角色的其他脚本。

例如：

我们通常使用  和  来控制当前角色不同部分脚本的启动和停止，来达到不同脚本的协作运行。

再如下面两段脚本：

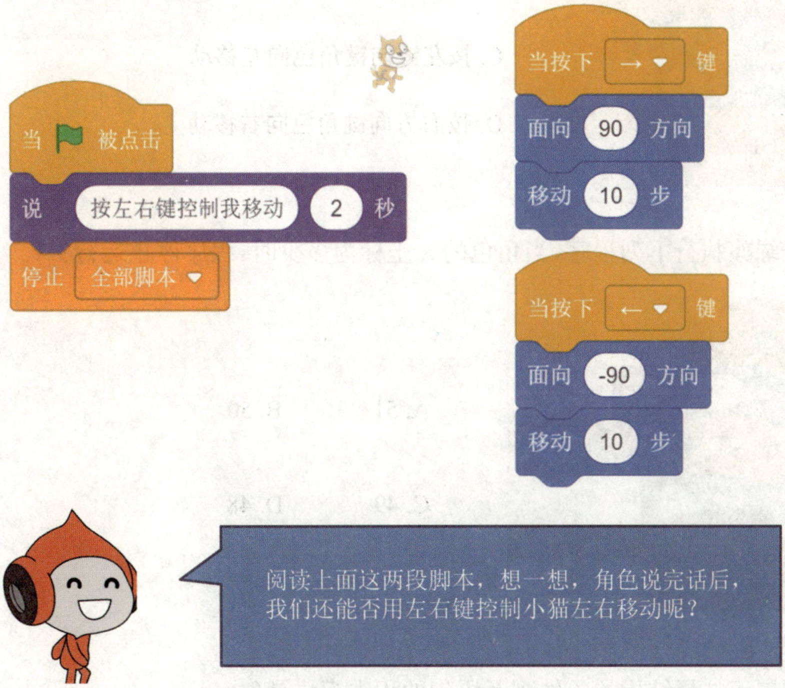

练习五

1. 点击绿旗执行下列程序，鼠标指针移动到（－146,89）位置后，鼠标指针不动，下列说法正确的是（　　）。

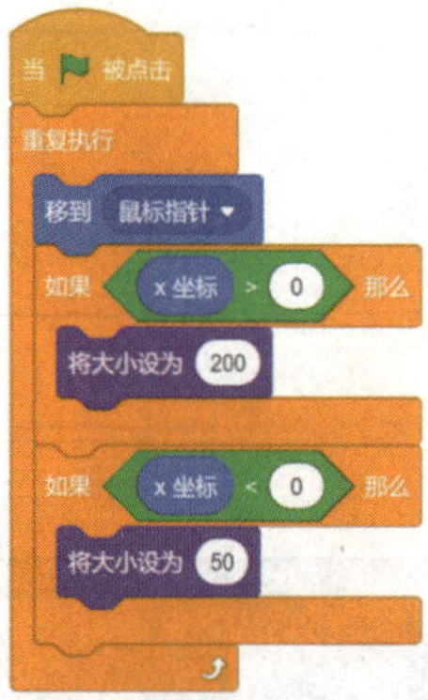

A. 角色大小不断变化，一会是100，一会是200

B. 角色大小为100

C. 角色大小为200

D. 角色大小为50

2. 默认小猫角色的程序如下所示，点击一次绿旗，等待 1 秒，然后再按方向键，下列说法正确的是(　　)。

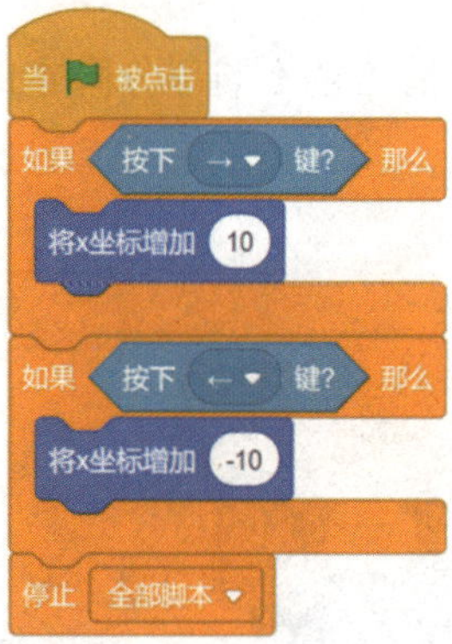

A. 角色会移动到鼠标

B. 不管按左方向键还是右方向键，角色都不移动

C. 按左方向键角色向左移动

D. 按右方向键角色向右移动

3. 点击绿旗执行下列程序，当角色的 x 坐标为多少时，程序停止运行？(　　)

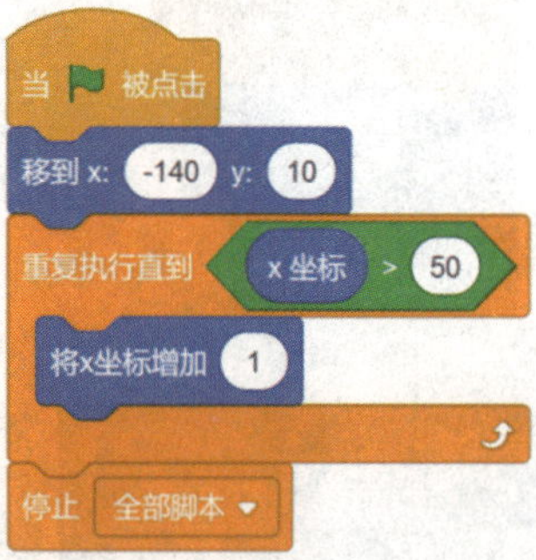

A. 51　　B. 50

C. 49　　D. 48

4. 下列属于选择结构的条件判断语句的积木模块是(　　)。

A. 

B. 

C. 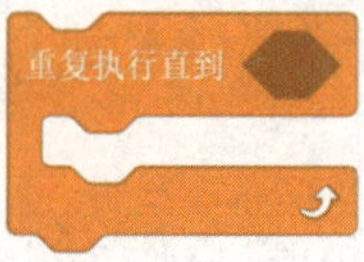

D. 

5. 执行下图程序后，角色的 x 坐标是(　　)。

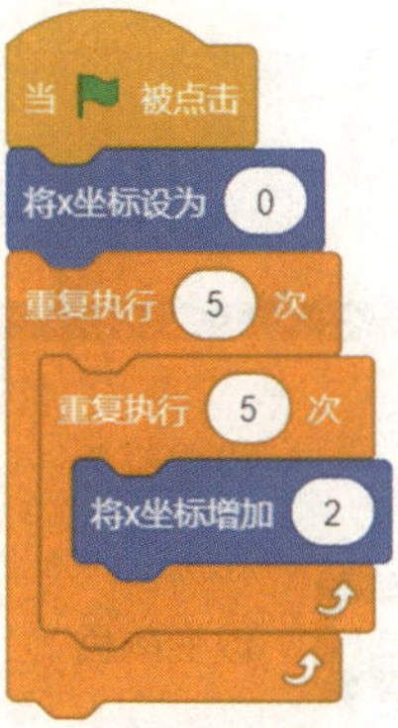

A. 20　　B. 30

C. 100　　D. 50

大胆想一想

我们学习了循环的几种表现形式，例如重复执行、重复执行10次、重复执行直到，说一说这三种循环各在什么情况下使用。

我学到了什么？

第6节 画笔模块

学习内容：画笔模块是Scratch的拓展功能，我们可以使用画笔模块绘制各种丰富多彩的几何图案，也可以使用它实现特殊的绘制功能。使用之前，我们需要在Scratch软件左下角的“添加扩展”中选择“画笔”。

6.1 画笔

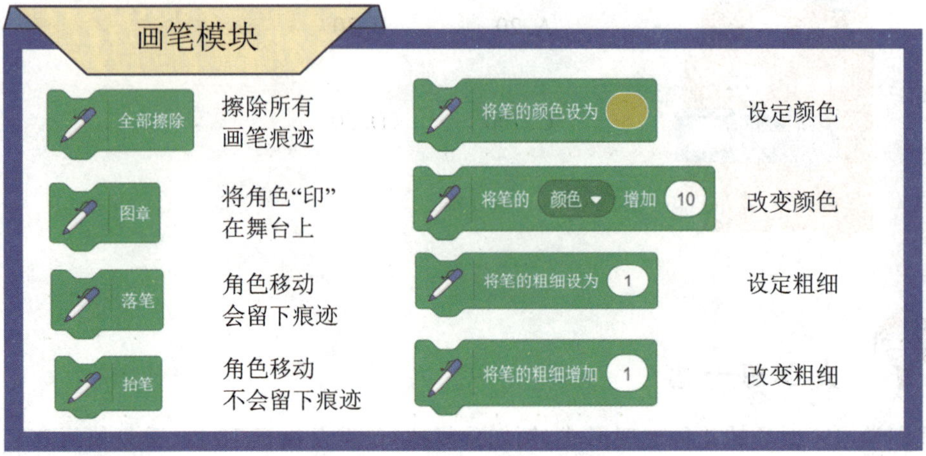

我们在之前的章节学习过让角色移动起来，其实只要我们给角色“落笔”的指令，角色即可绘制出移动的路线。“落笔”是角色实现绘制功能的前提条件。

我们通过一个例子来了解画笔模块中的指令：

默认小猫角色，让小猫在舞台上随机移动 10 次，每次移动后留下小猫的印记和移动的路线，每次路线的颜色改变，路线的粗细增加。

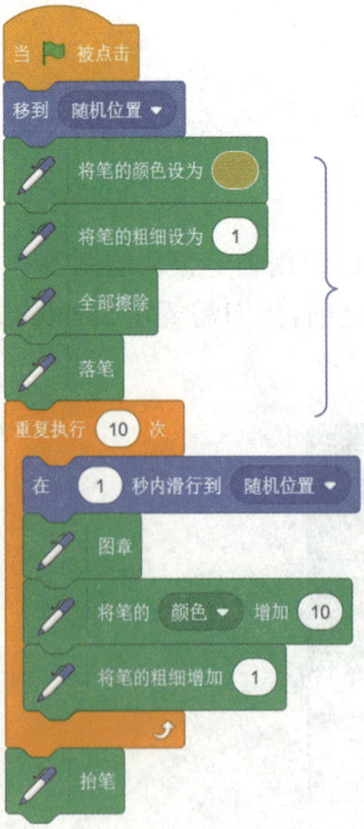

设定画笔的初始化：一般先设定角色初始位置，再全部擦除，移动前落笔。

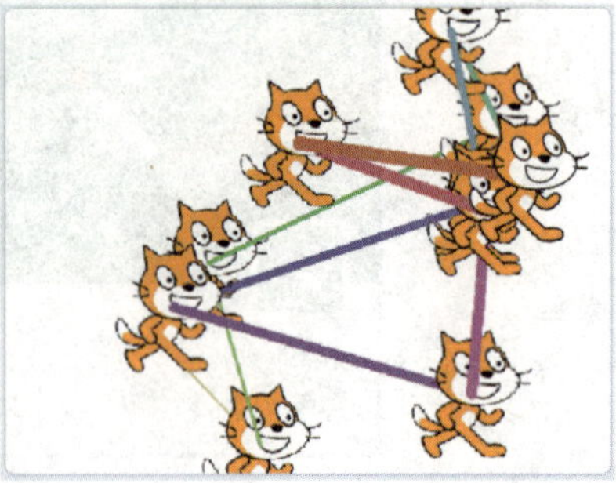

6.2 绘制等边三角形

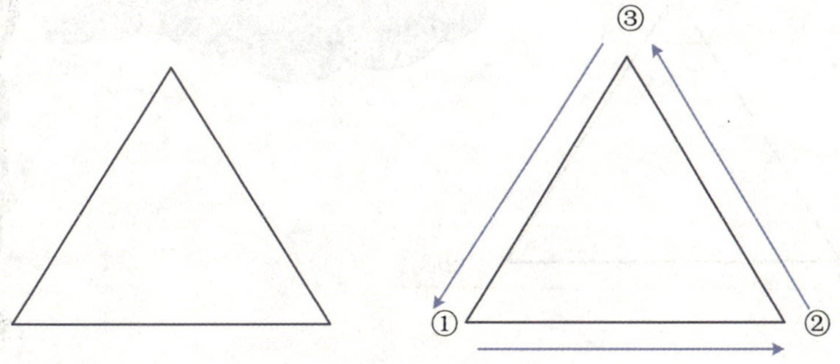

我们在学习三角形的时候，是如何绘制等边三角形的呢？

实际上，我们可以以三角形的任意顶点为起点，以 60°为内角，以相同的边长来绘制等边三角形。那么程序中是如何实现的呢？

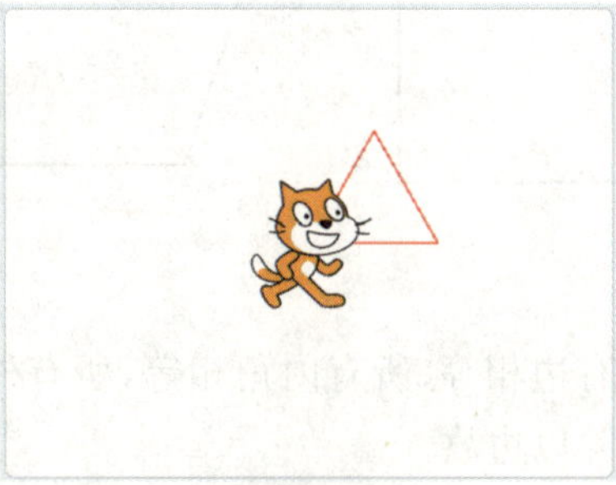

我们来看看角色绘制的过程：

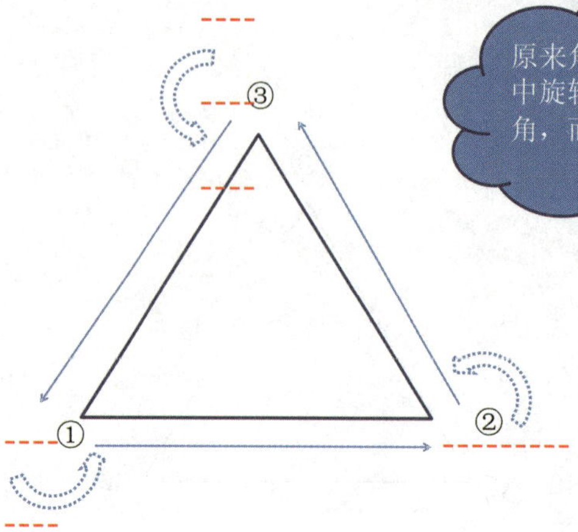

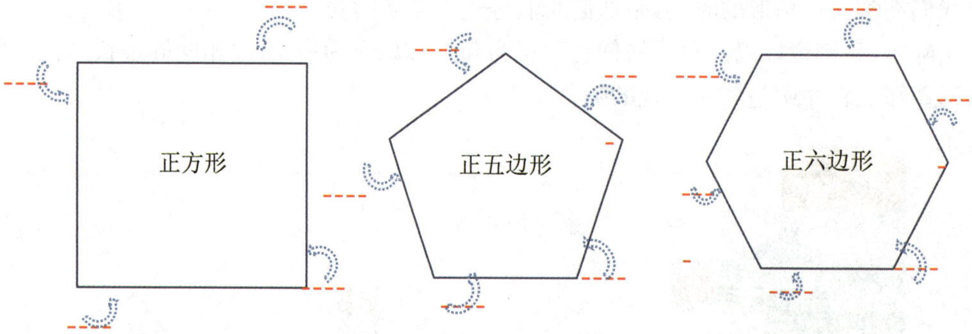

正多边形的所有边相等，所有内角相等，所有外角之和都是 360°，所以任意一个正多边形的外角等于 360°除以边数。

等边三角形的外角 = 360° ÷ 3
正方形的外角 = 360° ÷ 4
正五边形的外角 = 360° ÷ 5
正六边形的外角 = 360° ÷ 6
正 n 边形的外角 = 360° ÷ n

上面的脚本中，

重复了三次，因此我们可以用循环来优化程序。

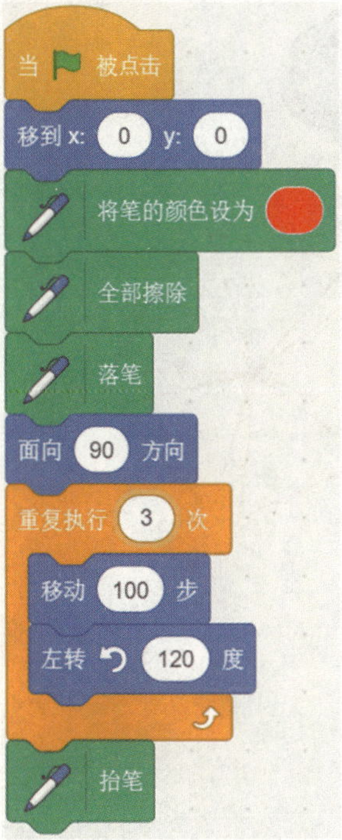

画笔的初始化设定

循环的次数即为等边三角形的边数，旋转的度数即为等边三角形的外角360°÷3=12°

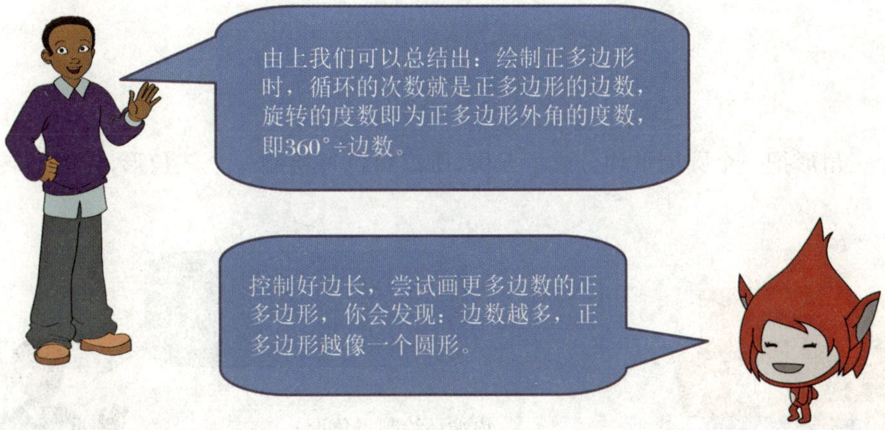

6.3 正多边形的旋转

原来它是由一个等边三角形通过旋转绘制出来的。

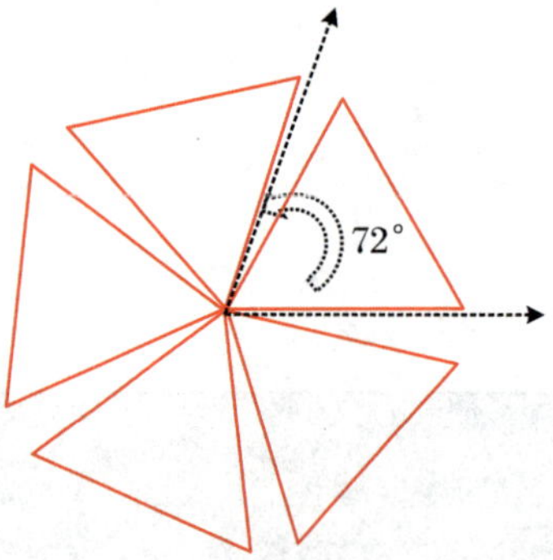

5个三角形把一个圆周平均分成了5份，所以角色每绘制一个三角形，需要旋转360°÷5=72°。

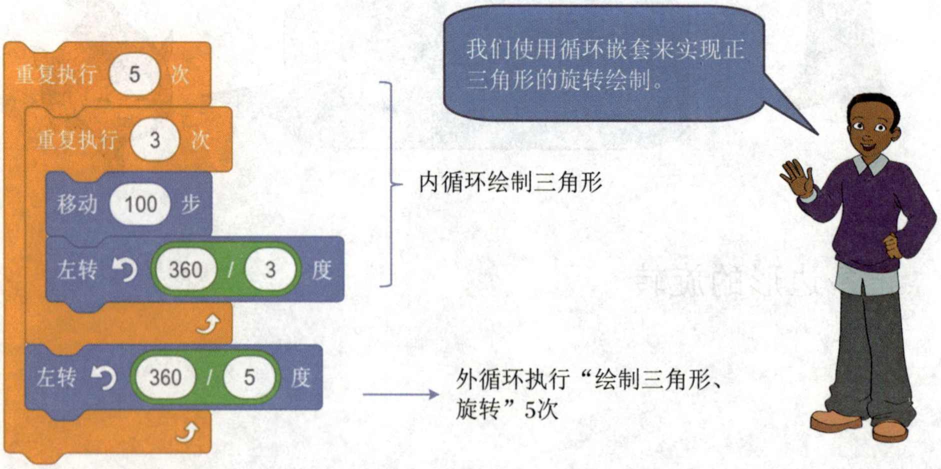

利用这个方法，我们可以绘制更多有规律的几何图形。

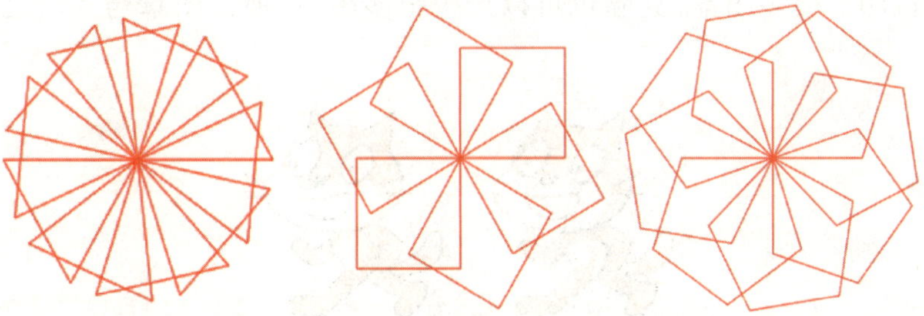

我们还可以利用颜色的变化，绘制五颜六色的图案。

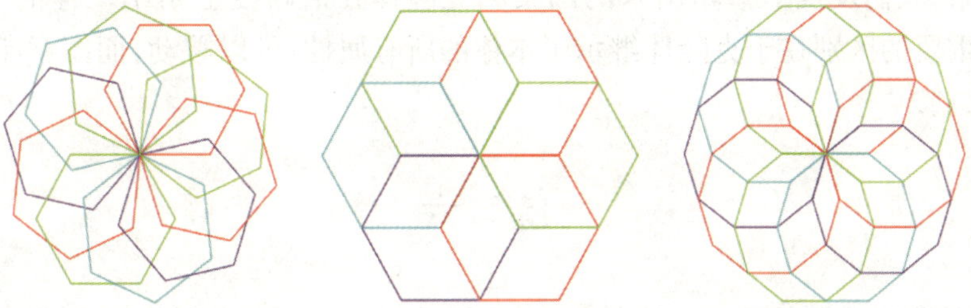

6.4 图章

画笔模块里的“图章”的作用，就像我们平常用的印章一样。当我们执行该指令时，舞台上就会出现当前角色当前造型的一个印章图案。我们可以使用“图章”绘制很多复杂的图案。

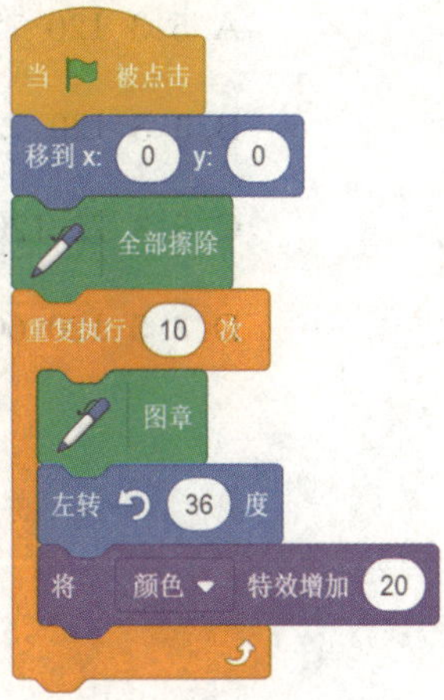

图章可以印出很多图案，克隆也可以产生很多图案，那么图章与克隆之间有什么区别呢？

图章　　　　克隆

通过观察，我们发现图章印出来的图案和克隆体在清晰度上是不一样的，克隆体更清晰。另外最重要的区别在于克隆体继承了本体的所有属性，可以移动，而图章印出来的是图案，不可以移动。

练习六

1. 下面的程序是默认角色小猫的脚本，运行后能在舞台上看到几只“猫”？（　　）

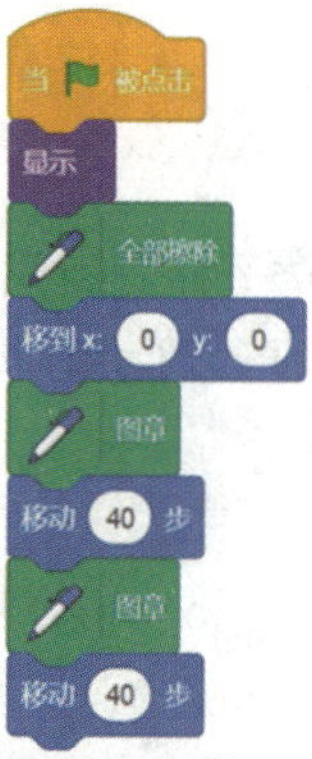

A. 0　　B. 1

C. 2　　D. 3

2. 如果要用下面的程序画出三角形风车，①②③④处应分别填入什么数值？（　　）

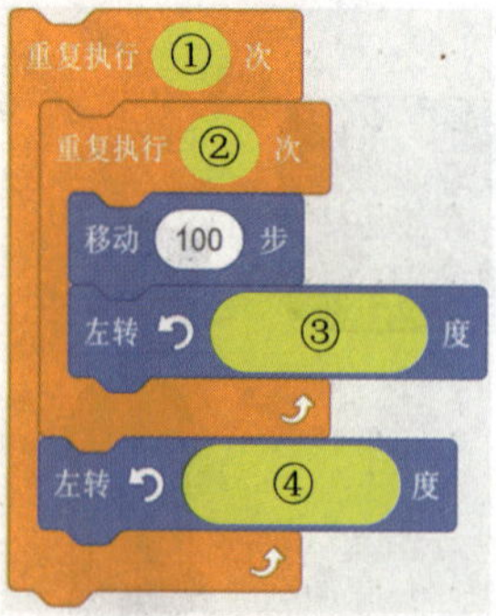

A. 5 3 120 72

B. 3 5 120 72

C. 5 3 72 120

D. 3 5 120 60

3. 执行下面的程序，最后可能出现的图案是（　　）。

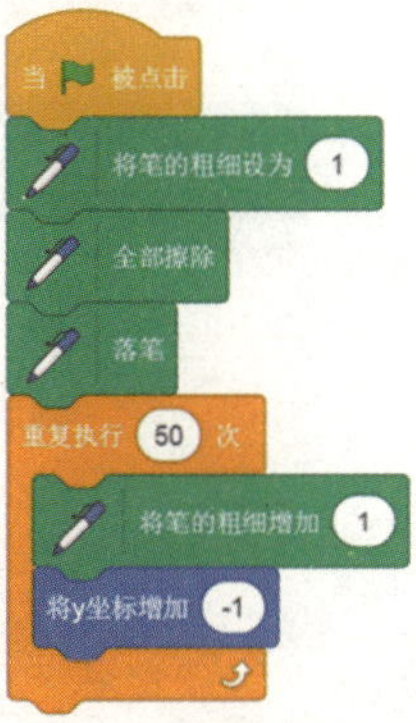

A. 方形　　B. 圆形

C. 水滴形　　D. 半圆形

4. 下列属于选择结构的条件判断语句的积木模块是(　　)。

A. 

B. 

C. 

D. 

大胆想一想

图章与前面所学的“克隆”有什么不同？使用画笔模块时，画笔初始化一般有哪些操作？

我学到了什么？

第7节　侦测模块

学习内容：本节中我们将总结 Scratch 中的不同类型的模块。侦测模块里的指令主要起着设定参数和输入功能的实现作用。它们大多数情况下都是不能单独使用的，需结合常规的指令使用，是程序中不可缺少的内容。

学习重点：

学习难点：

7.1 Scratch 中的指令种类

根据不同指令的功能和形状，我们把 Scratch 中的指令分为 4 类：

“帽子”指令 启动脚本的开关，常置于一段代码的最开始。	常规指令： 最常见的，使用最多的指令。
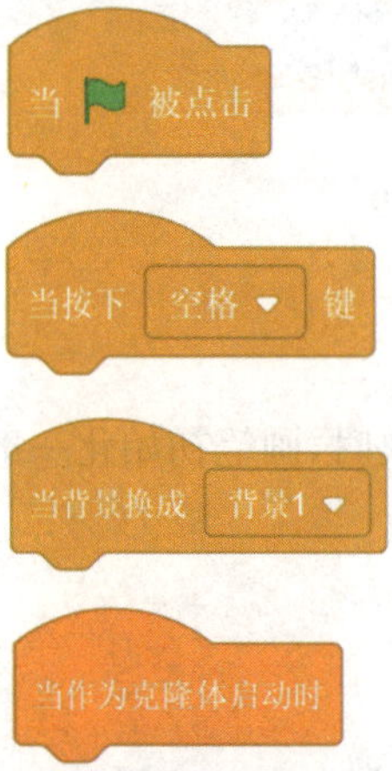	
参数指令： 表示参数的指令，不能独立使用。	条件(布尔)指令： 表示条件的指令，结合“如果那么”指令使用。

其中，参数类和条件类的指令是插在常规类型指令的插槽中使用的。

7.2　条件指令

我们在第五节的控制模块里已经介绍过条件指令中的“条件”。“侦测”模块里的条件指令外形是一个狭长的六边形，它表示程序中存在的不同条件。用鼠标点击它，会呈现两种结果：true 和 false。true 表示条件成立，false 表示条件不成立。我们在之前的条件分支指令中使用过条件指令。

条件参数

碰到 鼠标指针 ?	侦测当前角色是否碰到鼠标指针
按下鼠标?	侦测是否按下鼠标
按下 空格 键?	控制侦测是否按下空格键，我们可以选择键盘上的其他按键控制角色
颜色 ○ 碰到 ○ ?	侦测两种颜色是否碰到
碰到颜色 ○ ?	侦测当前角色是否碰到颜色

试一试，想一想：我们已经学习过使用按键来控制角色运动，请尝试编写下两部分脚本，运行一下，然后说一说它们的区别。

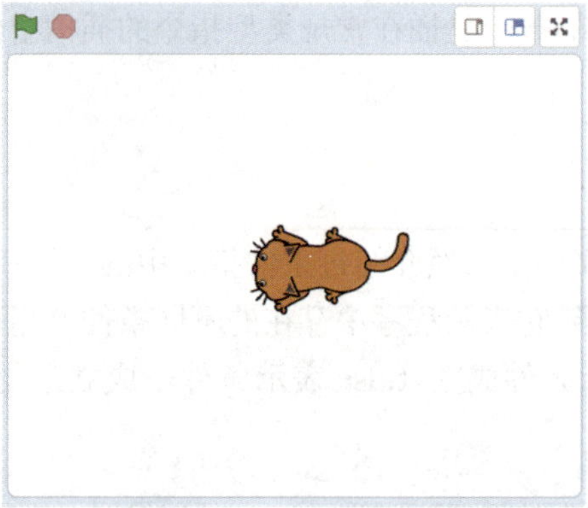

以下两部分脚本都可以实现用按键控制小猫上下左右移动，试一试，看看使用起来有什么区别呢？

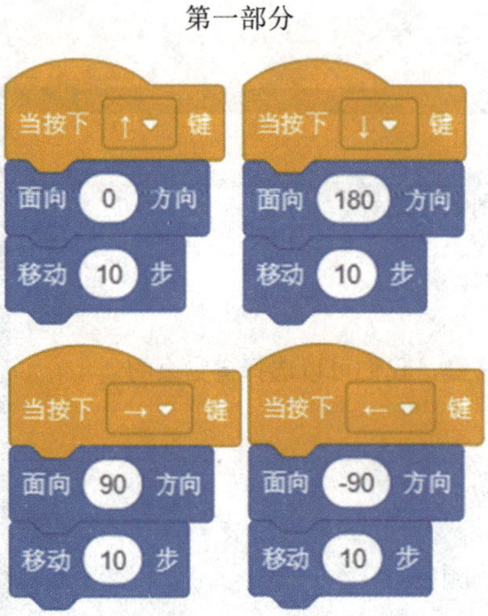

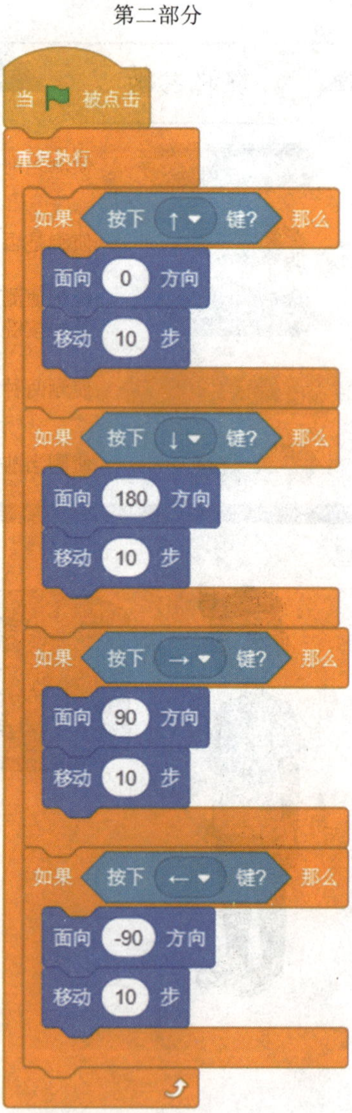

当然除了上述介绍的条件指令，我们将在下一章重点介绍运算模块中的条件指令：例如表示关系运算符的大于、小于和等于，逻辑运算符的“与”“或”“非”。

7.3 输入指令

在很多程序中，我们都需要向计算机输入信息，计算机根据输入的信息进行计算、处理，最终输出我们想要的结果。这实际上是实现一种人与计算机交流互动的功能。我们已经学习过通过外观模块中的“说”来让计算机输出信息。那么如何向计算机输入信息呢？

“侦测”模块中的 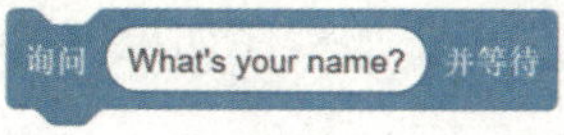

便能实现向计算机输入信息的功能。

那么，我们输入的内容在哪里可以看到呢？

我们可以通过勾选“侦测”模块下的“回答”来查看我们输入的信息。这里的“回答”作为参数指令可以临时存放我们输入的内容。回答的内容根据我们提出的问题类型，可以是数字、字母、文字等等。

在有些时候，我们需要连续多次向计算机输入信息，那么“回答”这个指令它能否同时存放多个答案呢？

试一试：设定连续两个问题，先后两次输入不同的答案，看看“回答”能否存放我们输入的内容。

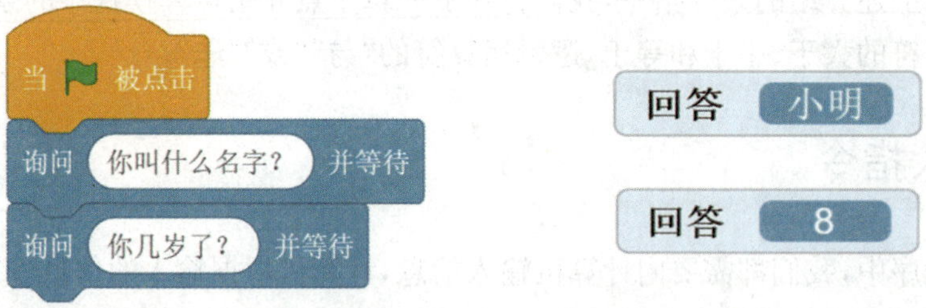

通过演示程序，我们发现如果连续输入多个问题的答案，“回答”参数指令只能存放最后一次的输入内容，之前输入的内容都被覆盖消失了。那程序如果需要继续使用之前输入的信息该怎么办呢？

这个时候，我们就需要借助变量来存放不同的信息了。例如可以新建“姓名”“年龄”来分别存放不同的“回答”了。例如：

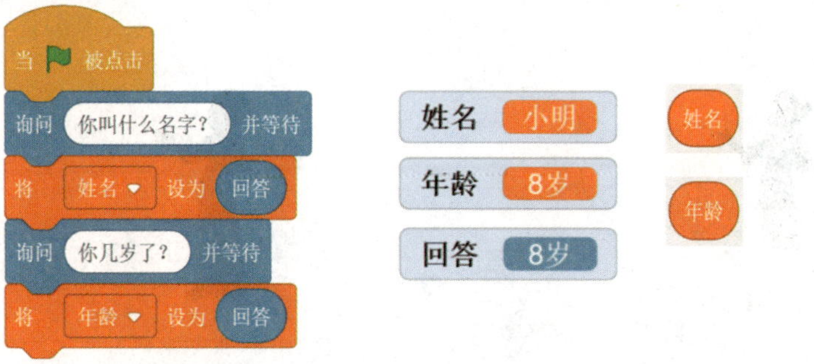

通过变量保存我们所输入的信息后，程序就可以读取变量中的内容，进行运算、数据处理等操作。关于变量，我们将在后面的章节再详细介绍。

7.4 参数指令

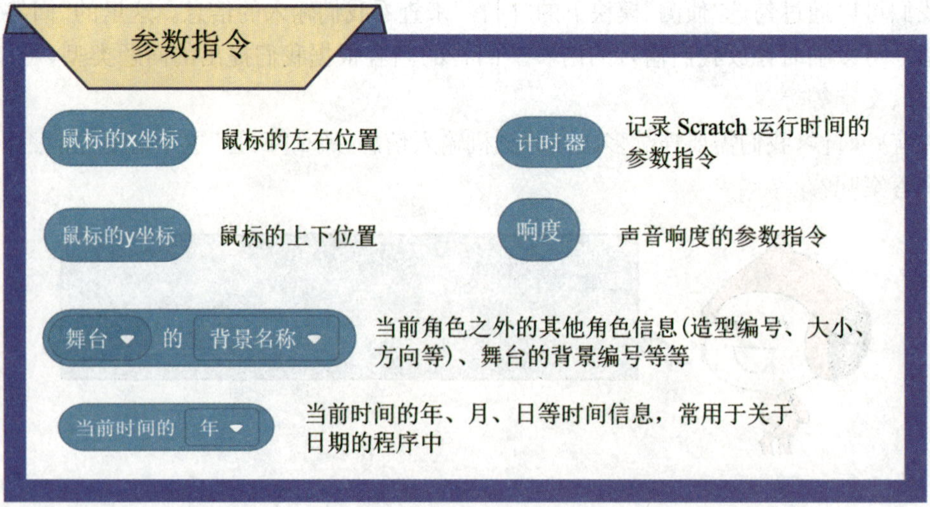

当我们的程序中当前角色需要读取其他角色的基本信息、背景名称和编号时，我们可以使用 舞台 ▾ 的 背景名称 ▾ 指令来实现。另外，运动模块里的 x 坐标、y 坐标和方向代表当前角色的位置和方向。在克隆的运用里，它们也表示克隆体的位置和方向信息。

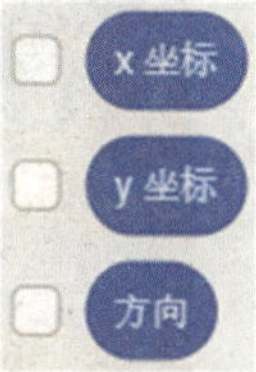

除此之外，运算模块、变量模块中也有很多的参数指令。例如：表示算术运算的“加”“减”“乘”“除”、字符关系，列表中的“列表的第 1 项”等，我们将在后面的章节进行详细介绍。

练习七

1. 红框中加入哪个选项积木，不能阻止气球下落？（　　）

A. 按下 空格 ▾ 键?　　B. 碰到 鼠标指针 ▾ ?

C. 颜色 碰到 ?　　D. 碰到颜色 ?

2. 下图红框中填入下列哪个选项，能让角色在移动过程中碰到鼠标指针说“你挡着我了！”？（　　）

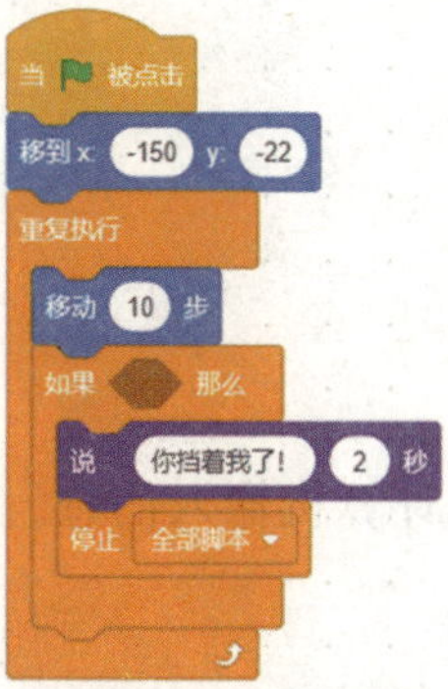

A. 按下 空格 ▾ 键?　　B. 碰到 鼠标指针 ▾ ?

C. 颜色 碰到 ?　　D. 碰到颜色 ?

3. 点击绿旗执行下列程序，按下空格键后角色大小是多少？（　　）

A.51　　B.50

C.49　　D.48

4. 下列不能实现移到鼠标指针效果的是(　　)

A. 

B. 

C. 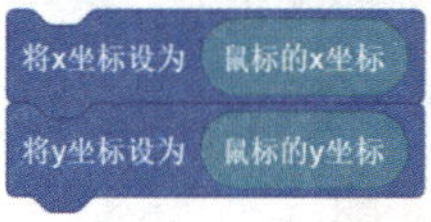

D. 

5. 默认小猫角色的程序如下图所示,点击一次绿旗,等待 1 秒,然后再按方向键,下列说法正确的是(　　)

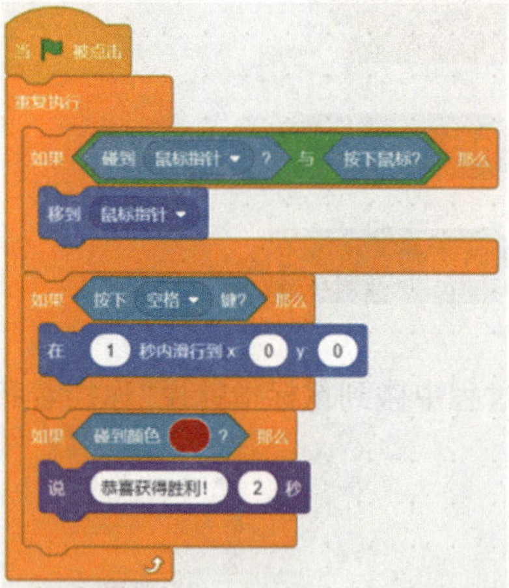

A. 在任何地方点击鼠标，角色都会移到鼠标位置

B. 没有任何操作的时候角色会在舞台区域随机移动

C. 按下空格键后，角色会在1秒内滑行到舞台中央

D. 角色碰到黄色会说“恭喜获得胜利!”

大胆想一想

交互式问答“询问并等待”,也叫程序的输入功能,我们可以向计算机输入信息。说一说,当我们输入多个问题的答案时,如何来保存我们的回答?

我学到了什么?

第8节 运算模块

学习内容:运算模块里的指令都是作为参数或者条件来使用的,满足程序中大部分的运算需求。既有算术运算、关系运算和逻辑运算,还包含了字符和标准函数的运算。是编程中非常重要的部分。

学习重点:

学习难点:

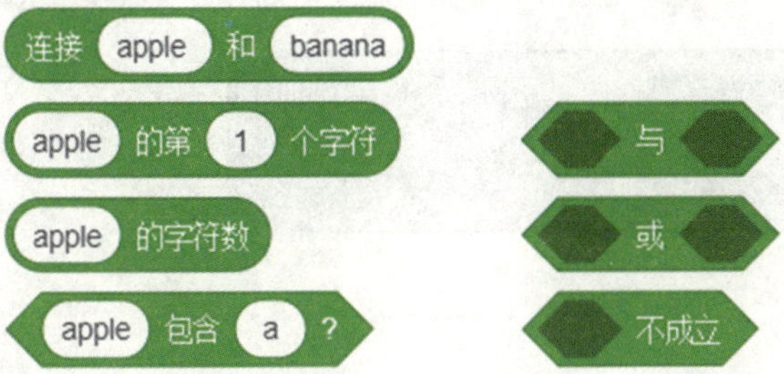

8.1 算术运算符

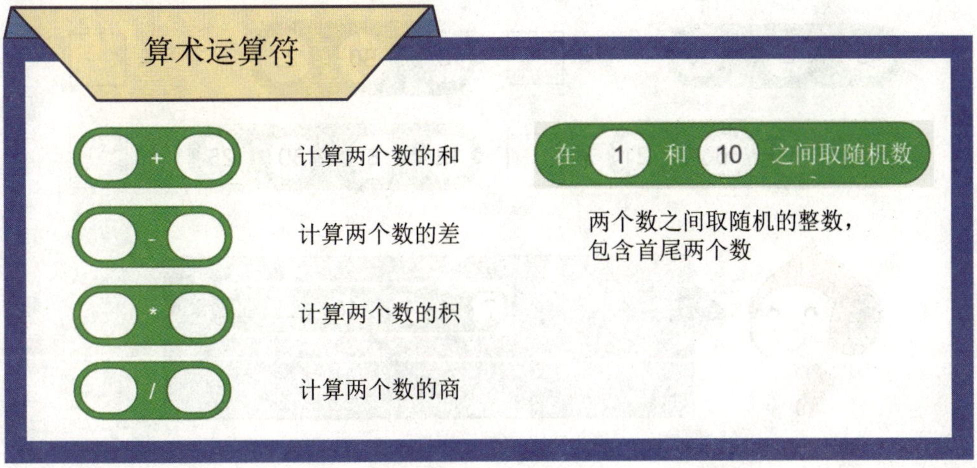

算数运算符表示运算符内的两个数字进行加减乘除运算的结果。例如

(15 + 13)　　　　(8 * 11)

[28] 代表 15 和 13 的和“28”，[88] 代表 8 和 11 的乘积“88”。

如果我们的程序要用到混合运算，不同算术运算符之间是如何搭配的呢？

(15 + (13 - 4))　　等同于15+(13−4)

(8 * (13 - 4))　　等同于8×(13−4)

(15 + (8 * (13 - 4)))　　等同于15+8×(13−4)

由上面的表达式以及运算结果我们可以发现，在算术运算符的综合运算中，计算顺序是按照指令的叠加顺序来进行的，依次由最上层到最下层的顺序进行计算。

算一算下面的表达式的结果是多少？

(128 + (25 * 3))	= □	(72 / (64 / 21))	= □
((45 * 2) + 30)	= □	(8 * (30 - 23))	= □
(64 - ((8 * 6) - 21))	= □	(12 + (8 * (30 - 25)))	= □

想一想：指令 (7 * (在 1 和 10 之间取随机数)) 的结果在什么范围呢？

8.2 关系运算符和逻辑运算符

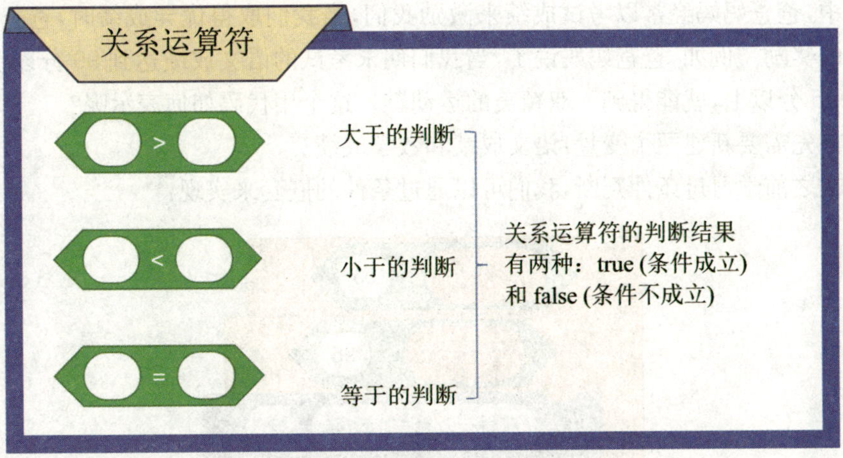

Scratch 有三种关系运算符，即“与”“或”“非”。它们被用来表示数量关系。它们的运算结果只有 true 和 false 两种。这个结果我们也叫做布尔值。在计算机内部，会把 true 默认为 1，false 默认 0。

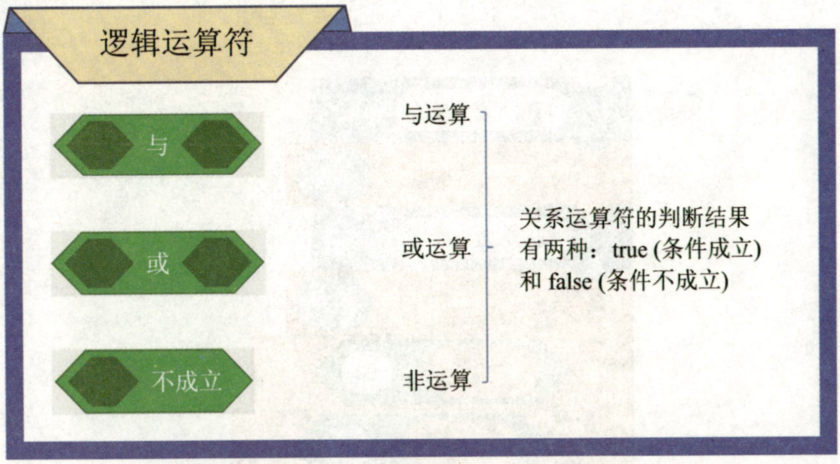

满足两个条件用“与”

生活中，爸爸妈妈经常以考试成绩来激励我们，当我们取得优异成绩时，爸爸妈妈会给我们不同的奖励。例如，爸爸妈妈说了，当我们期末考试的语文成绩达到 90 分以上时、数学成绩达到 95 分以上，就能得到一双精美的运动鞋。这个用代码如何表示呢？

我们首先需要新建两个变量：语文成绩和数学成绩。

我们在之前学习过条件判断，我们可以通过条件的嵌套来实现：

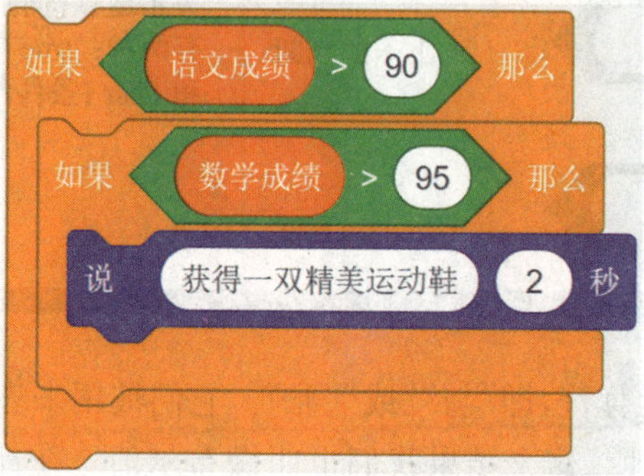

我们可以通过“询问并等待”来输入语文和数学的成绩并尝试输入不同的数值来观察运行结果。

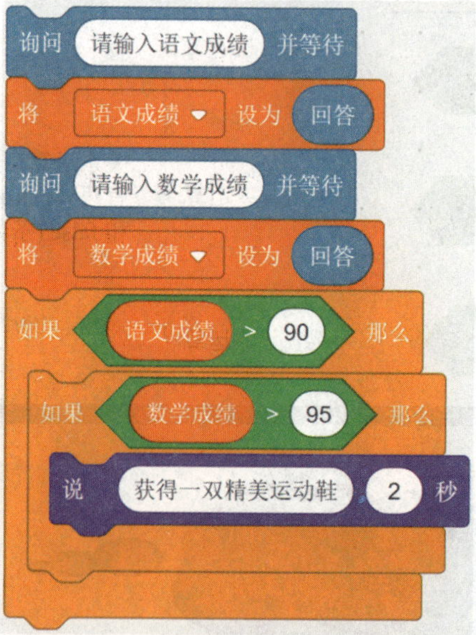

这段代码需要满足两个条件才能执行“说获得一双精美运动鞋”的指令。

我们还有另外一个更为简洁的方式，那就是“与运算”。

当满足条件 

与 

时，就能得到奖励。

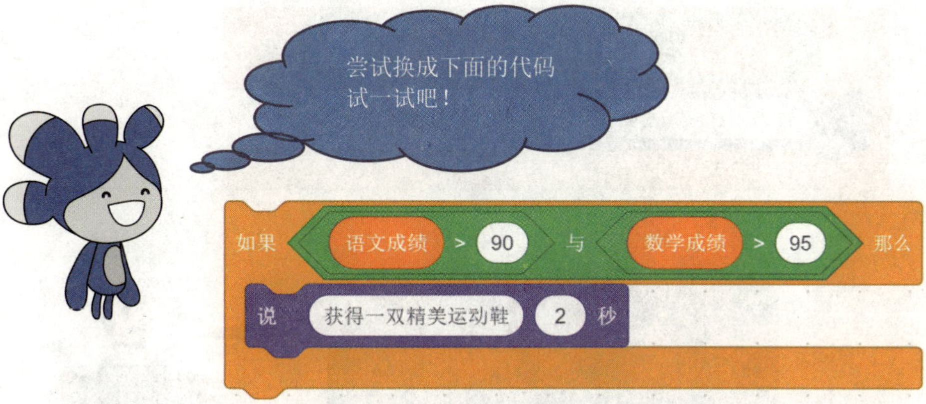

如果要求同时满足三个条件，我们需要将两个“与运算”连接起来。

以此类推，如果需要同时满足多个条件，就可以将多个“与运算”连接起来。

满足一个条件用“或”

在上面的案例中，如果爸爸妈妈降低了奖励的标准，当语文成绩超过 90 分，或者数学成绩超过 95 分，只要达到上面的一个条件就能得到奖励。用条件分支结构表示为：

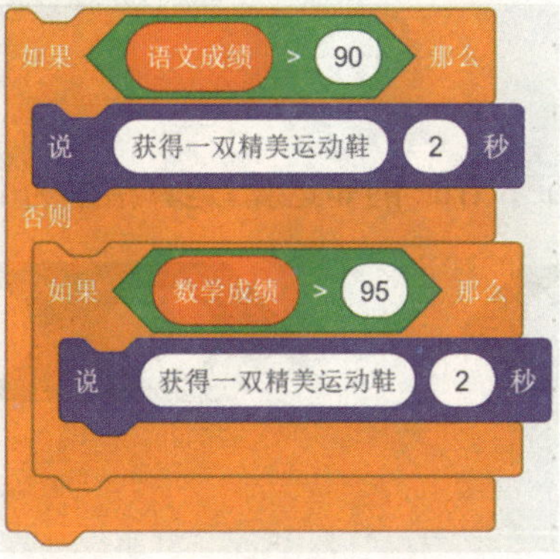

我们也可以用逻辑运算符“或”运算把两个条件连接起来：

三个条件，至少满足一个条件，我们需要将两个“或运算”连接起来。
以此类推，多个条件中至少满足一个条件，可用多个“或运算”来连接。

不满足条件用“不成立”

“非运算”表示相反的逻辑。例如：

条件成立，运算结果为 true。true 的非运算，运算结果为 false。

条件不成立，运算结果为 false。false 的非运算，运算结果为 true。
我们来看一个“非运算”的实际运用：

根据输入的星期几(只输入周一至周五,或输入周末),来判断是否去学校上学。如果输入周末不去上学,如果输入“周一”“周二”“周三”“周四”“周五”要去上学。

上面的代码看起来比较繁杂,我们可以用更简洁的办法来优化这段代码:

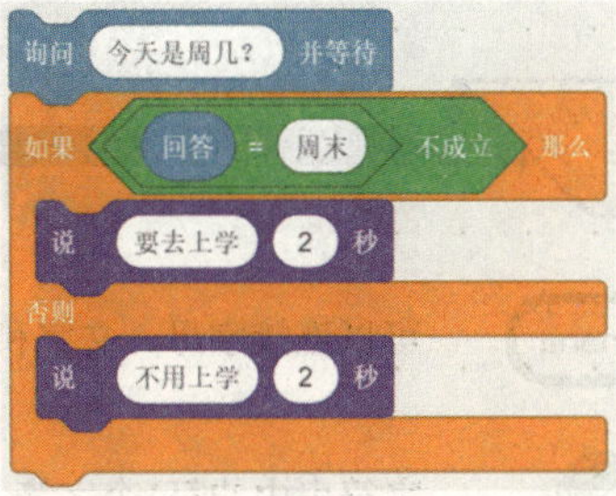

8.3　复杂的关系运算

我们在数学中经常遇到一些较为复杂的关系运算,Scratch 中是如何表达的呢?例如:分数≥60,这里的“大于”“等于”可以这样表示

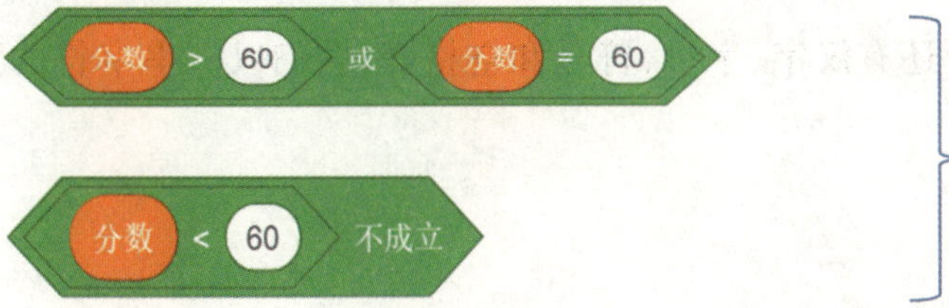

这两种方式都是正确的。

这种表达是不对的,不存在一个数既大于60又等于60。

分数在 80 至 90 之间，如何表示呢？

数学中我们用“80＜分数＜90”来表示，但是在 Scratch 中：

我们不能直接用两个小于来连接，
这种表示方法是不对的。

用“与运算”来连接两个条件，分数
既要大于80，又要小于90。

8.4　字符和字符串

字符与字符串

可以连接字母、文字和变量

字符串中的第1个字符

表示一串字符的字符个数

判断字符串中是否含有指定的字符

程序中的数据不光有数字，还有汉字、字母、符号和空格等，它们以一串字符的形式出现。

上面的 Scratch 程序中输入的“李明”和“Jack”都是字符串。

【案例】 输入一长串数字和要查询的数字,程序中的角色能快速回答出查询的数字在数字串中出现的次数。

8.5 函数

函数是程序中具有一定功能的指令或者指令的集合。函数能更大程度地简化我们的程序。Scratch 包含了一些定义好的标准函数，例如四舍五入、绝对值运算等。我们还可以根据需要，自定义一些函数。自定义函数我们将在“自制积木”的章节里详细介绍。

我们来看一看标准函数里的常用函数：

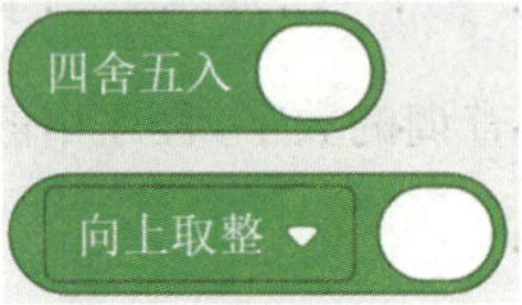

例如：能将 4.5 四舍五入取整为 5。而这个函数是将 4.5 向下取整，舍去小数部分，保留整数部分为 4。这个函数是将 4.1 向上取整，无论小数部分是几都将整数部分加 1 为 5。

一定要注意这三个函数的区别哦！

另外，标准函数里也包含了数学中的三角函数、幂等运算。我们通过一个案例来学习一下取整函数的运用。

根据邮件的重量和用户是否选择加急计算邮费。计算规则：重量在 1000 克以内(包括 1000 克)，基本费 8 元。超过 1000 克的部分，每 500 克加收超重费 4 元，不足 500 克部分按 500 克计算；如果用户选择加急，多收 5 元。

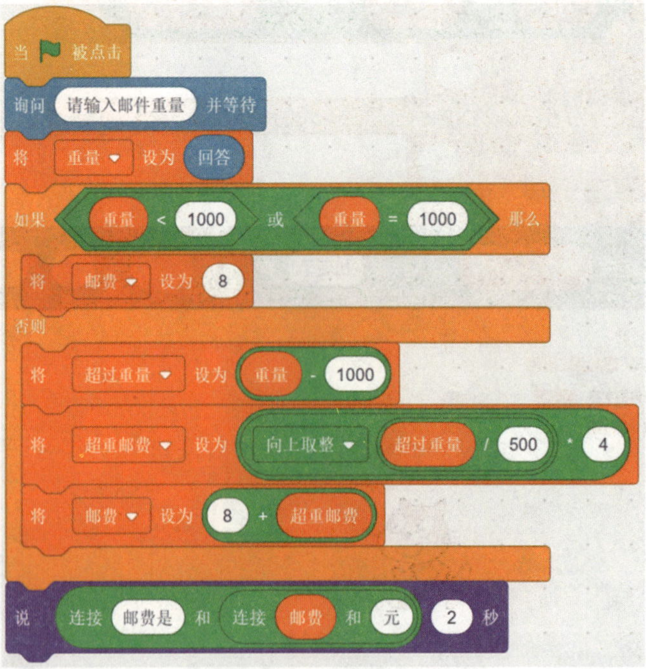

注意超出部分不足500克的，按500克计算。这里我们用到了向上取整。

自己编写代码试一试吧。

练习八

1. 如图设定角色的初始位置，角色一定出现在舞台的什么位置？(　　)

A. 左下　　B. 左上　　C. 右上　　D. 右下

2. 下面的指令所表示的数值范围是(　　)

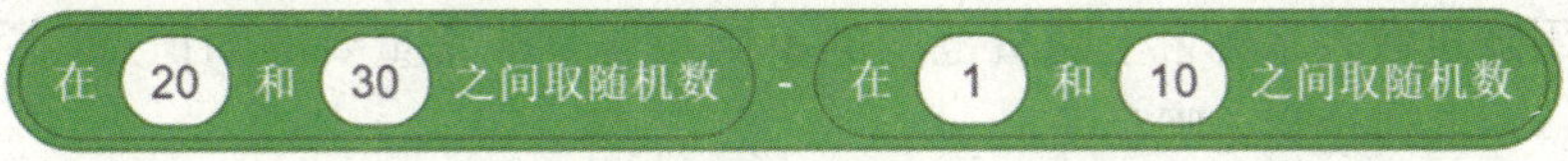

A. 10～29　　B. 19～20　　C. 19～29　　D. 1～20

3. 阳光农场新建一座温室大棚，室内耕地面积335平方米，需预留出20平方米的管理用地，其余耕地全部栽种辣椒，每平方米的辣椒产量约5千克，按每千克辣椒2元计算，下列哪个选项能够计算出总收入？(　　)

A. 

B. 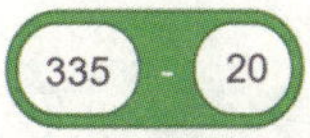

C. 

D. 

4. 下列哪个选项可以判断 x 不等于10并且小于等于30？(　　)

A. 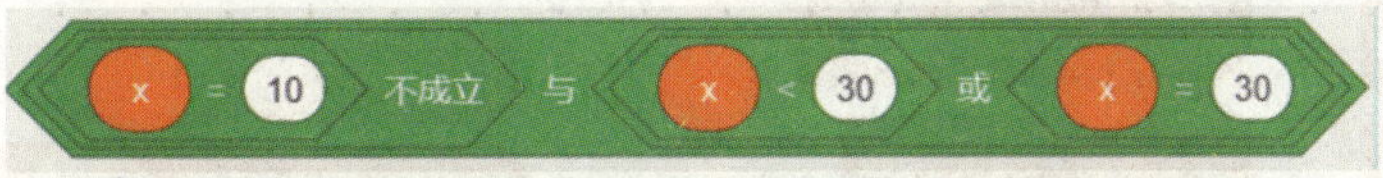

B. 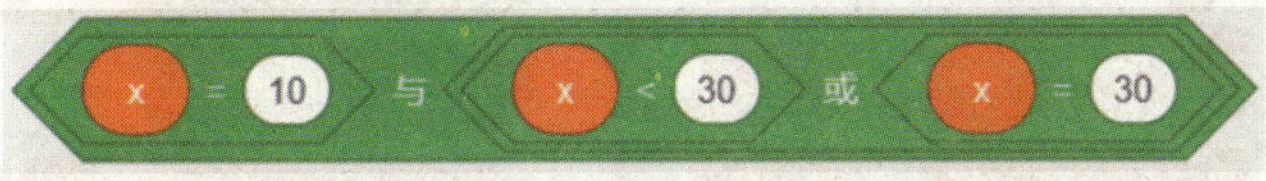

C. 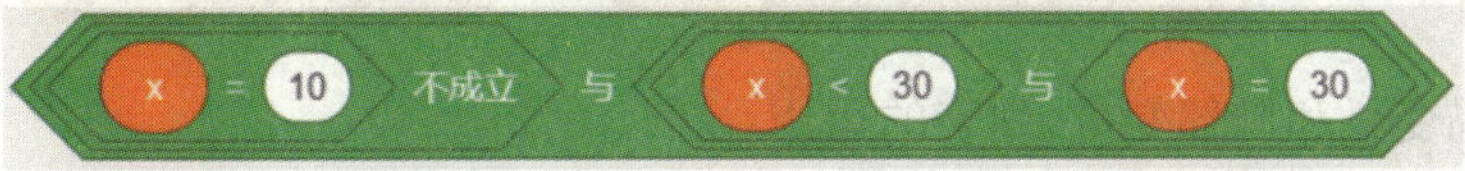

D. 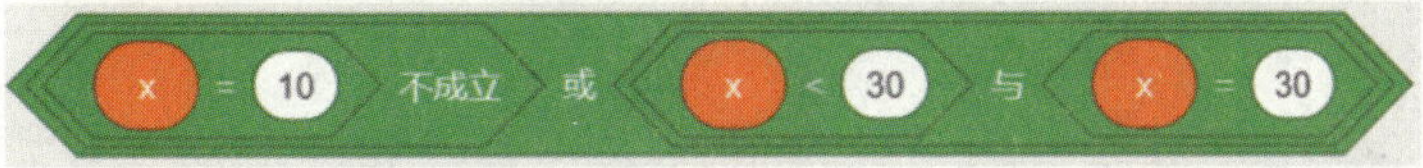

5. 运行下面的程序，说的内容不可能是（　　）

A. 1　　　　B. 11　　　　C. 20　　　　D. 2

大胆想一想

如何使用随机数表示舞台上随机范围的不同位置是非常重要的知识点，在很多程序中也都有运用。一起讨论讨论吧！

我学到了什么？

第9节　变量模块

学习内容：本节我们学习变量和列表的相关知识。

学习重点：

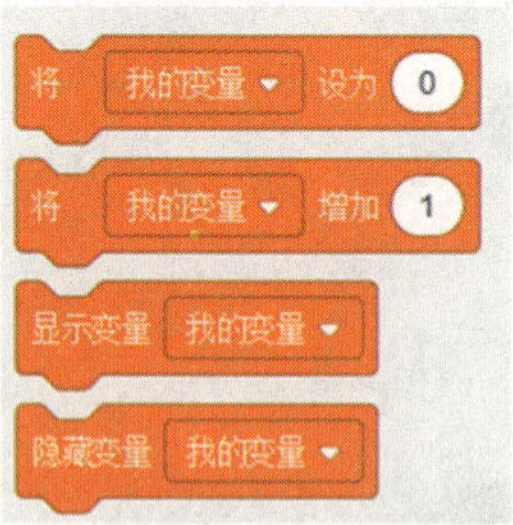

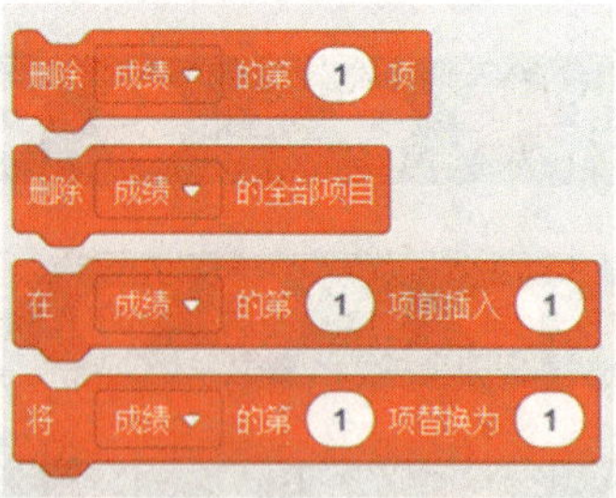

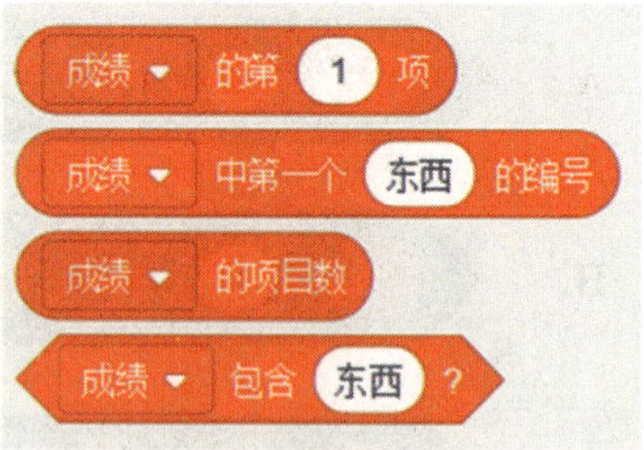

学习难点：全局变量和局部变量，列表的运用。

9.1 变量

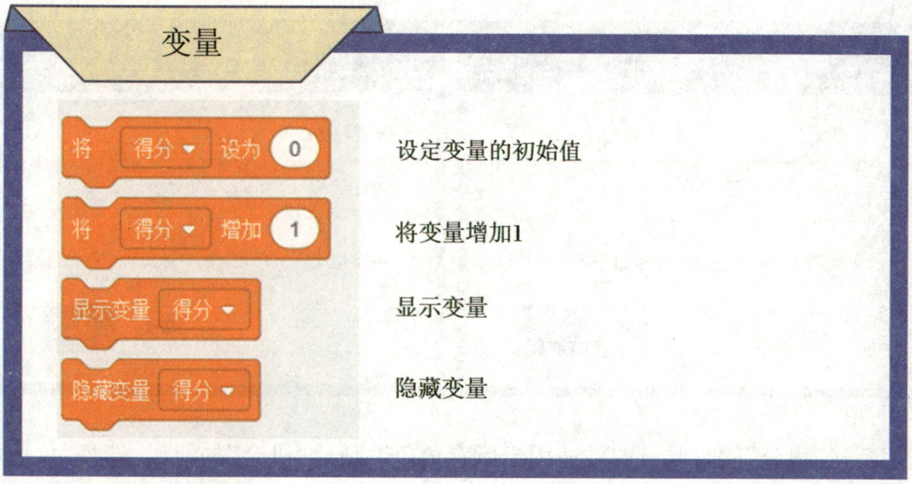

变量在之前章节的案例中都有使用。

那么什么是变量呢?

在我们的程序中,总有很多不断变化的数量。例如,之前程序中的“得分”、猜数字里的“机会”、打地鼠中的“倒计时”。再例如,我们的身高、年龄、体重,水果的价格都在不断变化。

Scratch 中的变量分为两类：全局变量和局部变量。

那如何定义变量呢？

我们新建两个变量："得分"和"机会"。

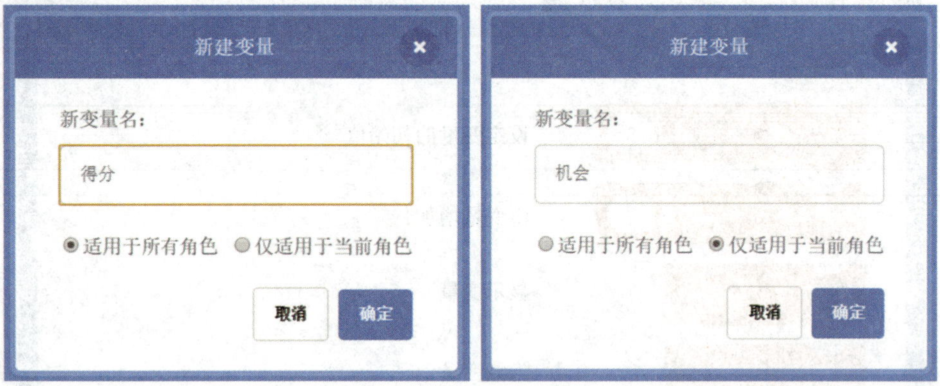

我们新建"得分"的时候，选择"适用于所有角色"，新建"机会"的时候，选择"仅适用于当前角色"。

新建变量后，我们舞台上显示的变量名称，"适用于所有角色"变量名称前没有角色名，这是全局变量，变量数值可以被所有角色和背景来调用。"仅适用于当前角色"变量名称前有角色名，这是局部变量，变量数值只被当前角色调用。不同角色的局部变量是可以重名的哦！

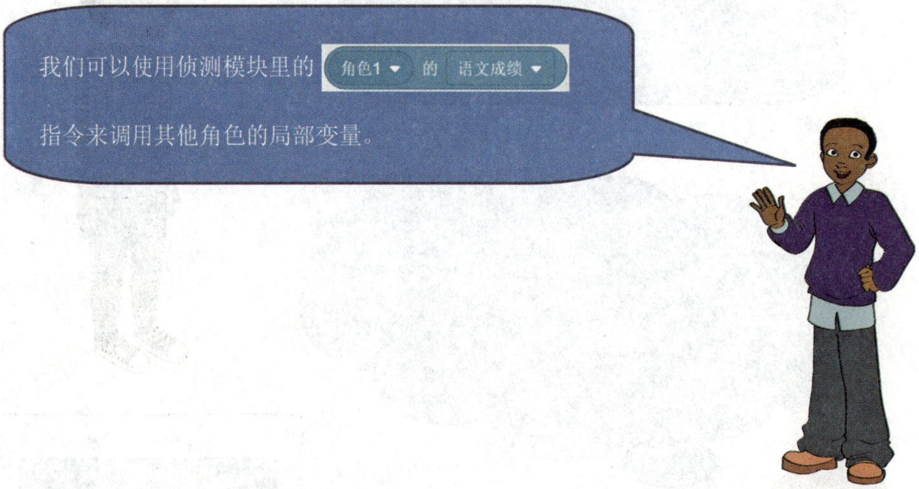

局部变量是角色特有的，对程序中其中一个角色的局部变量进行改变和运算，不会影响其他角色的局部变量。我们通过一个案例来加深一下对局部变量的理解。

首先我们创建两个局部变量：局部变量报数和克隆体报数，并将初始值都设为0。然后分别克隆5个克隆体，每个克隆体出现时说出自己的编号。

每一个克隆体都继承了本体的局部变量，初始值都设为0，在启动克隆体时，它们分别在0的基础上加1，所以所有的局部变量都是1，不能实现正确地报数。

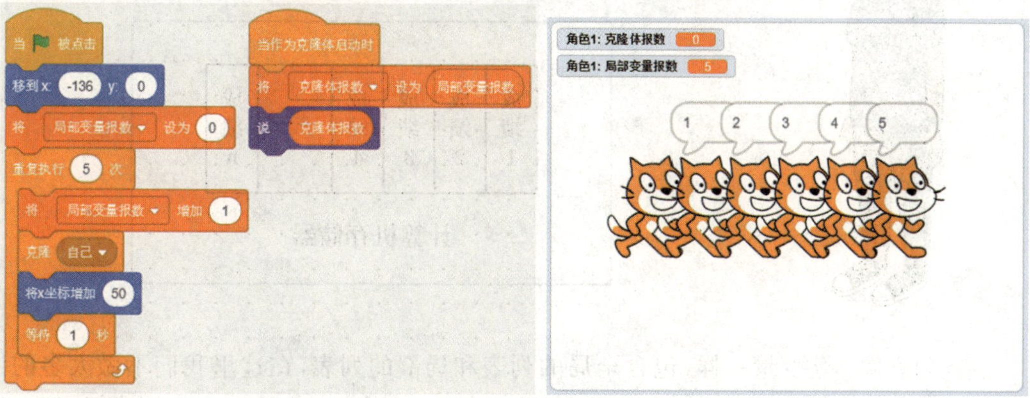

我们在克隆之前增加局部变量，这样每一个克隆体在出现时，继承了不同的初始值，每一个局部变量的初始值都不一样，所以能正确地报数。

9.2 列表

在介绍列表前，我们来利用变量解决一个简单的问题：输入 3 位同学的语文成绩，输出他们语文成绩的平均分。

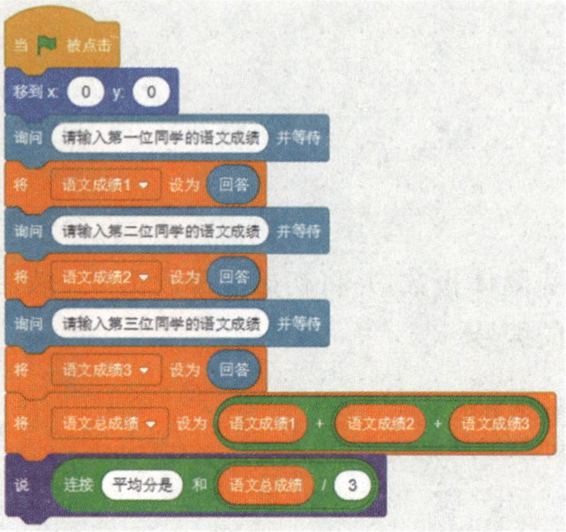

我们通过 3 个变量来存储 3 次输入的数值即可求出平均成绩。

但是，假如我们需要计算 10 个、20 个、50 个甚至更多同学的平均分，难道我们需要定义数十个变量来存储输入的数据吗？那样也太麻烦了。因此，Scratch 提供了列表的功能，它可以同时存储相同类型的多个数据。

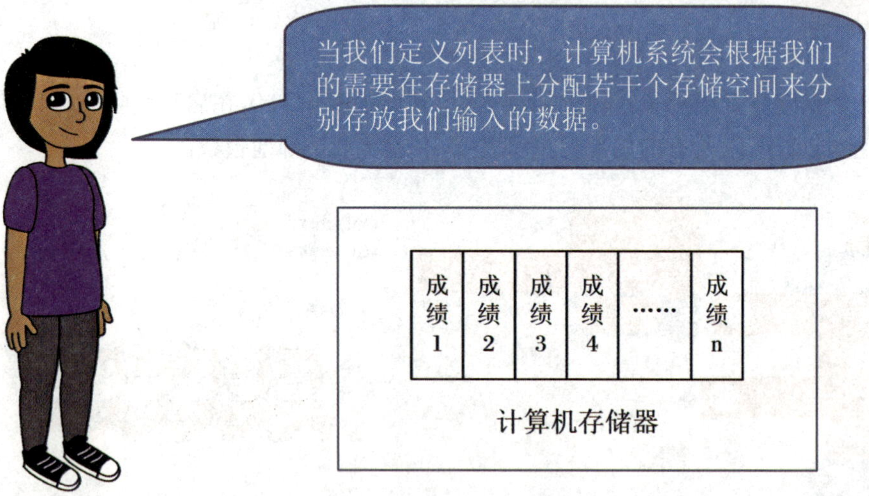

新建列表像新建变量一样，包含全局的列表和局部的列表，在这里我们不做太多的讲述。注意列表的名称也不要随意取，应按照需要定义，否则当程序中有多个列表时，不方便我们查找。

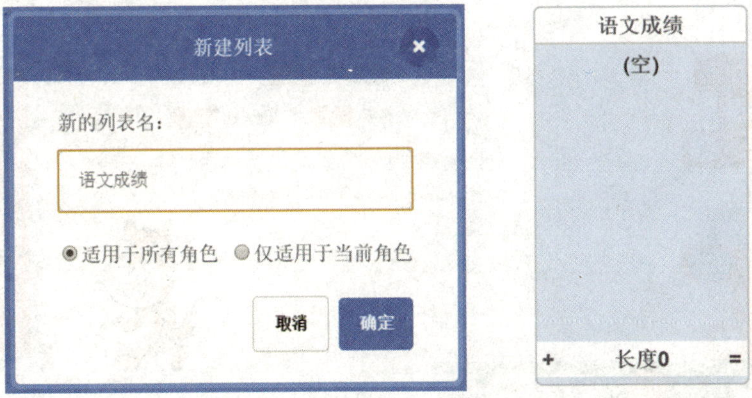

列表中的指令相对来说比较多，有常规指令，也有参数指令，我们根据字面意思非常容易理解，所以在这里不做详细的罗列。

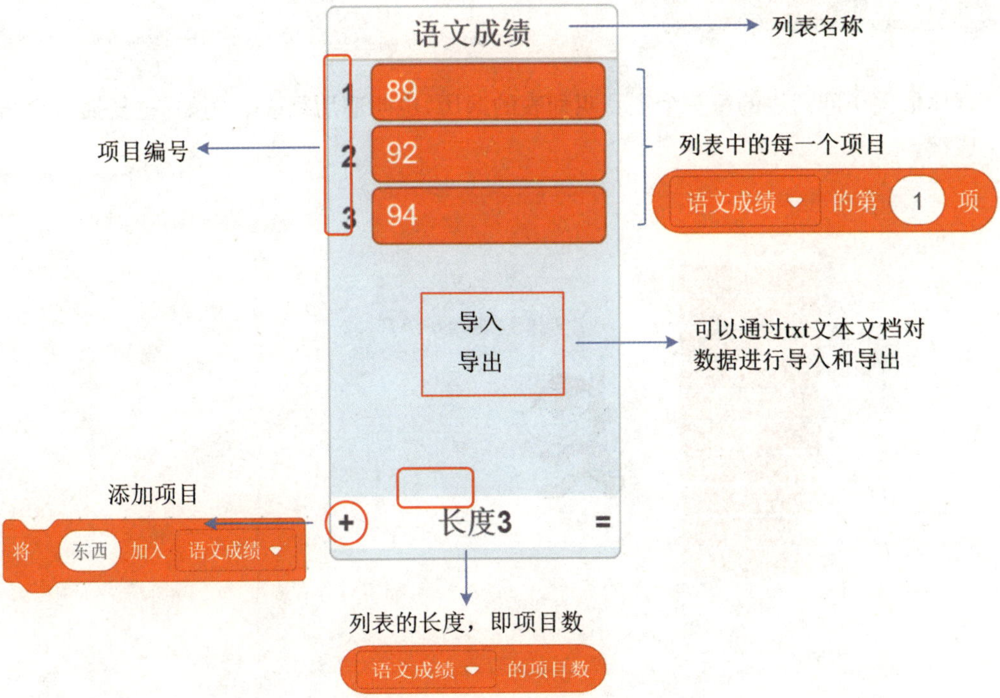

根据我们对列表的学习，本节开头的案例是求全班同学的语文成绩平均分。我们可以这样来实现：

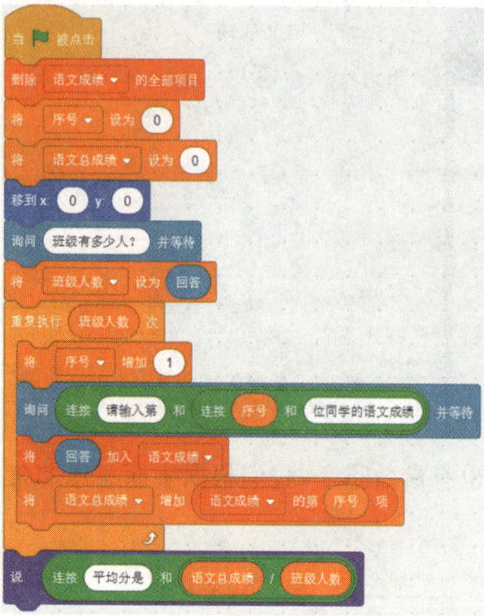

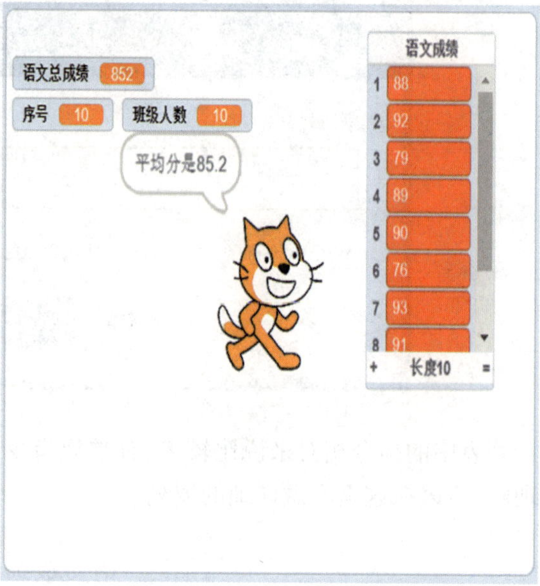

程序依次访问列表的每一个项目叫列表的遍历，也叫遍历列表。例如：重复播报全班的语文成绩。

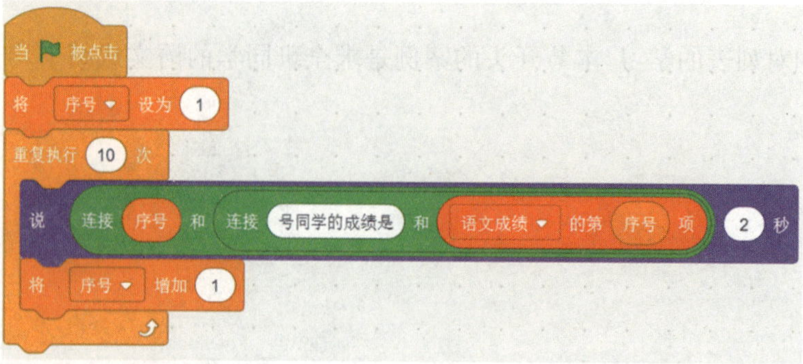

练习九

1. 执行下列程序，变量和的值为(　　)

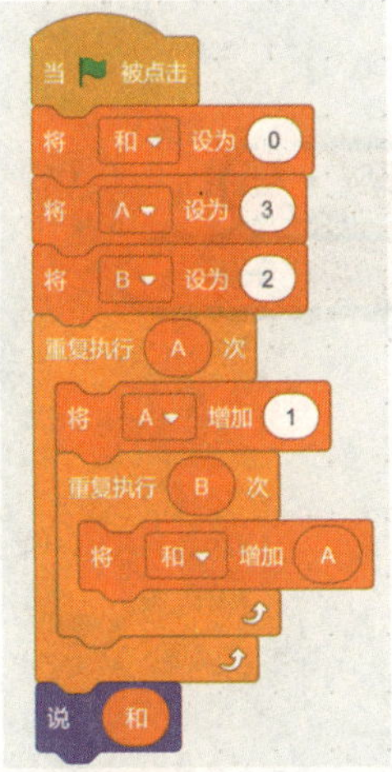

A. 26　　B. 28

C. 30　　D. 32

2. 运行下列程序，说的内容是(　　)

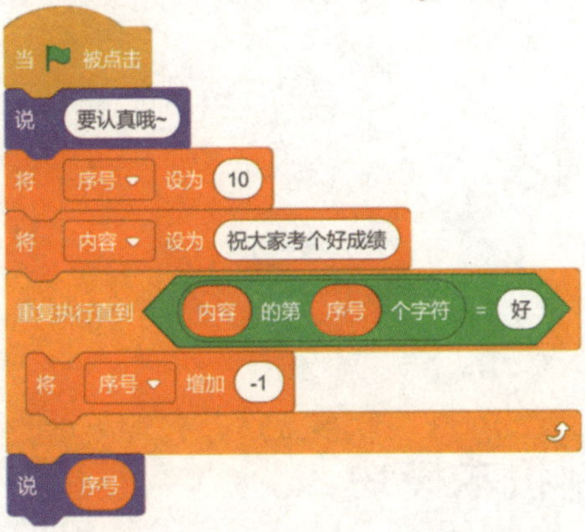

A. 5　　B. 6

C. 7　　D. 8

3. 运行下列程序，“宠物店”列表中的宠物不包括下列哪个动物？(　　)

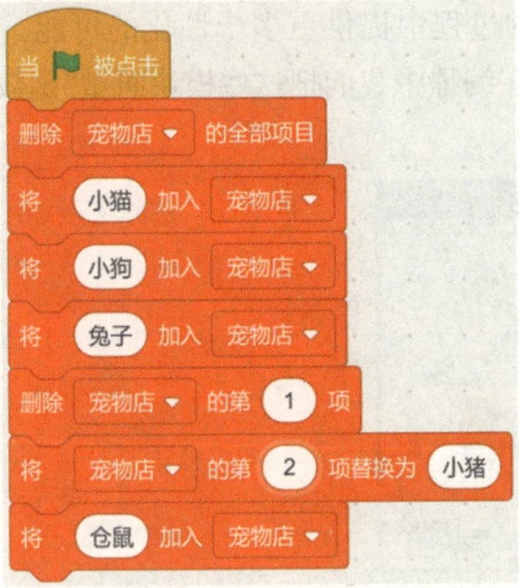

A. 小猪　　B. 小狗

C. 兔子　　D. 仓鼠

4. 已知如下图所示的列表“数据”，与进行程序后，角色说出的值为？（　　）

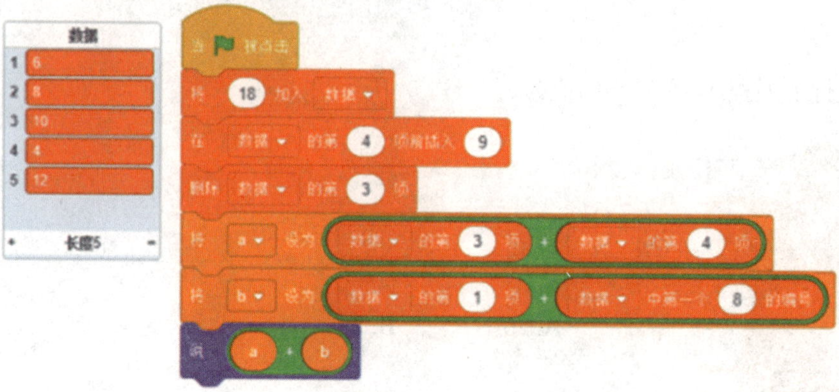

A. 37　　　　B. 22　　　　C. 55　　　　D. 21

大胆想一想

私有变量和全局变量的区别是什么？分别在什么情况下使用？

我学到了什么？

第 10 节　自制积木模块

学习内容：自制积木模块可以为我们在编写程序的过程中提供更多个性化的可能。我们可以根据自己的需要，自主创建具有特别功能的模块，在编程中我们把这些模块叫做“函数”。

学习重点：

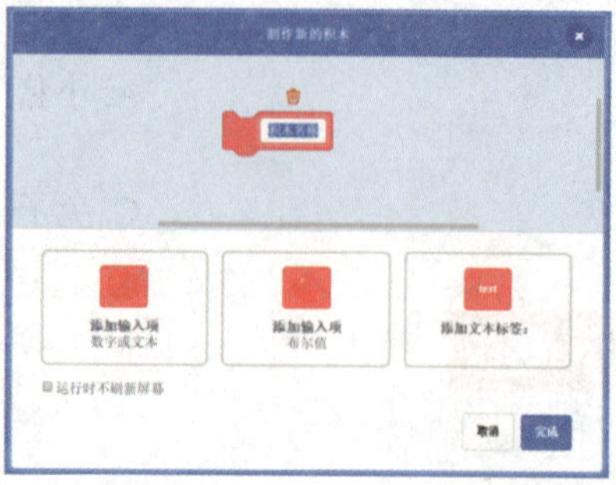

学习难点:函数的定义与调用。

10.1 新建自制积木

在前面的章节里,我们学习了 Scratch 的近 10 个模块。每一个模块都具有不同的功能。但是在我们编写程序的过程中,有些功能是现有的这些模块无法实现的。这怎么办呢?

例如:我希望有一个指令可以让角色跳跃,有一个指令能自动判断平年还是闰年……

为此,Scratch 提供了自制积木的功能。那么如何自制积木呢?

我们练习自制一个“绘制三角形”的指令。

首先,我们点击“自制积木”,输入积木的名称“绘制三角形”。

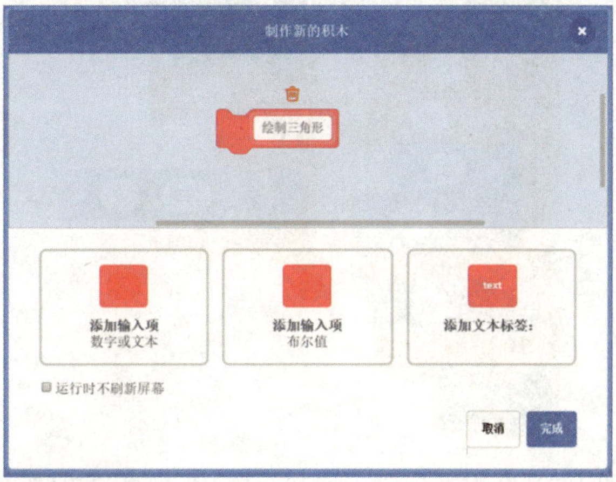

其次,我们根据的功能来定义这个积木。

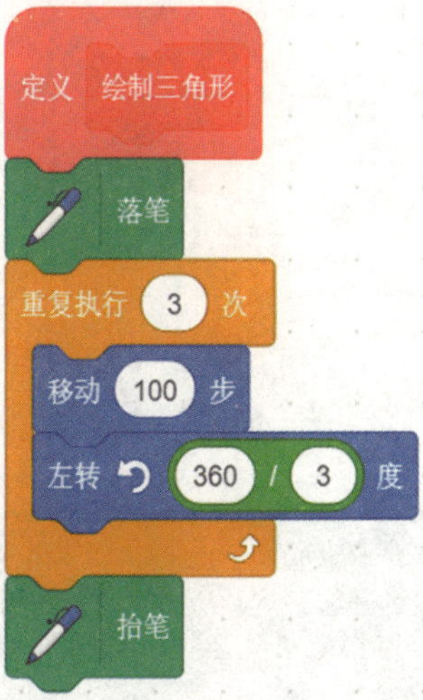

定义积木

使用积木

最后,我们来使用这个新积木。

我们再来练习通过自制积木绘制一朵六瓣花。

我们先自制一个“绘制花瓣”的指令。然后通过循环 6 次和旋转 60°得到六瓣花。

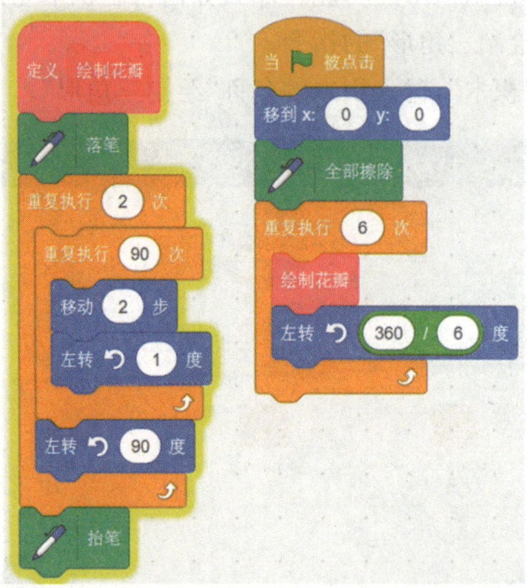

在这个过程中，我们发现在循环内每一次执行“绘制花瓣”的时候，定义“绘制花瓣”的模块都会点亮黄灯（正在工作），这个过程叫做函数的调用，这使得我们的程序运行速度较慢，我们可以在定义积木时，勾选不刷新屏幕来提升运行速度。

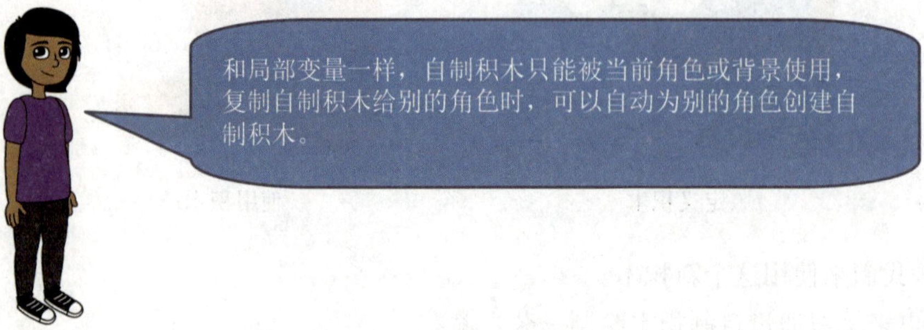

10.2 自制带参数的积木

我们在之前学习的模块中，有的指令包含了文本，有的指令包含了数字，还有的指令包含了条件。因此，我们也可以自制带有参数的积木。

自制一个带有数字参数的积木。例如：绘制边长为 m 的正 n 边形。

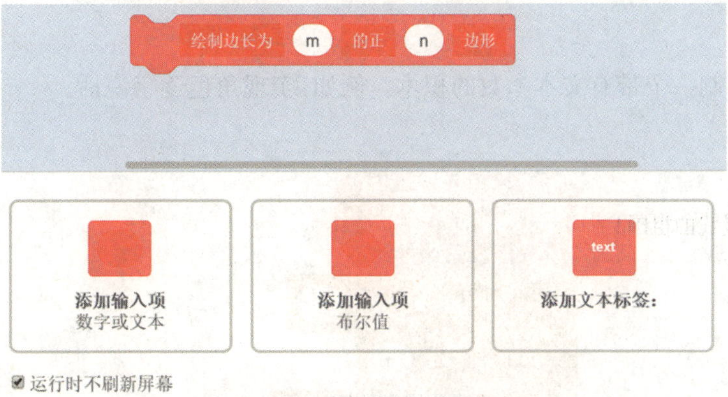

我们新建积木时添加了两个数字 m 和 n，函数中它们叫形式参数，也是两个变量。

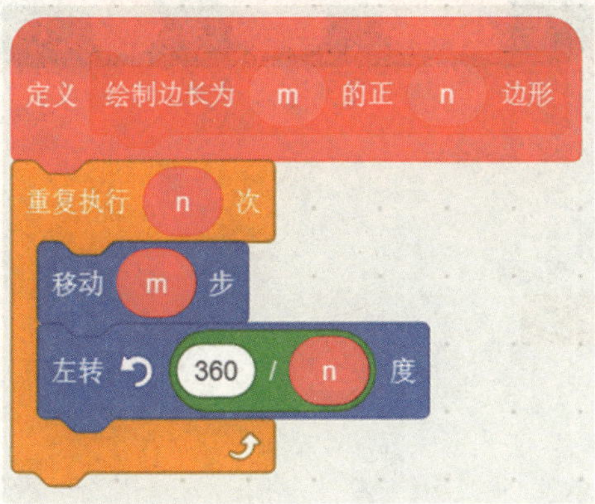

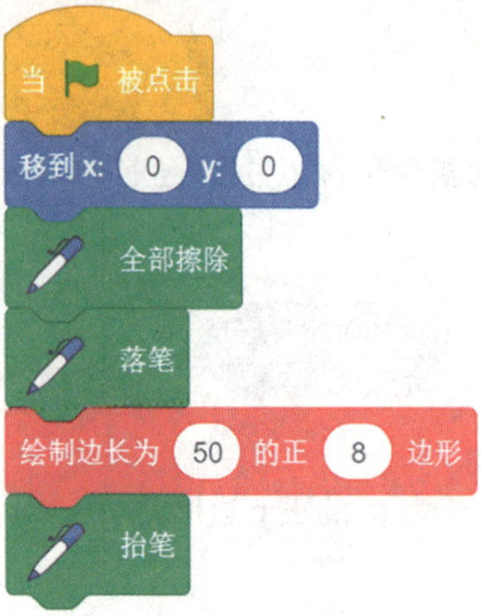

这里的50和8是我们添加的数字参数，也叫实际参数。程序自上而下执行到该指令时，会调用定义的模块，两个实际参数会被分别传递到定义模块中的m和n两个变量，即m=50，n=8。当自制模块执行完毕后，会再次回到主程序，执行接下来的“抬笔”。

自制一个带有文本参数的积木。例如:实现角色逐字说话。

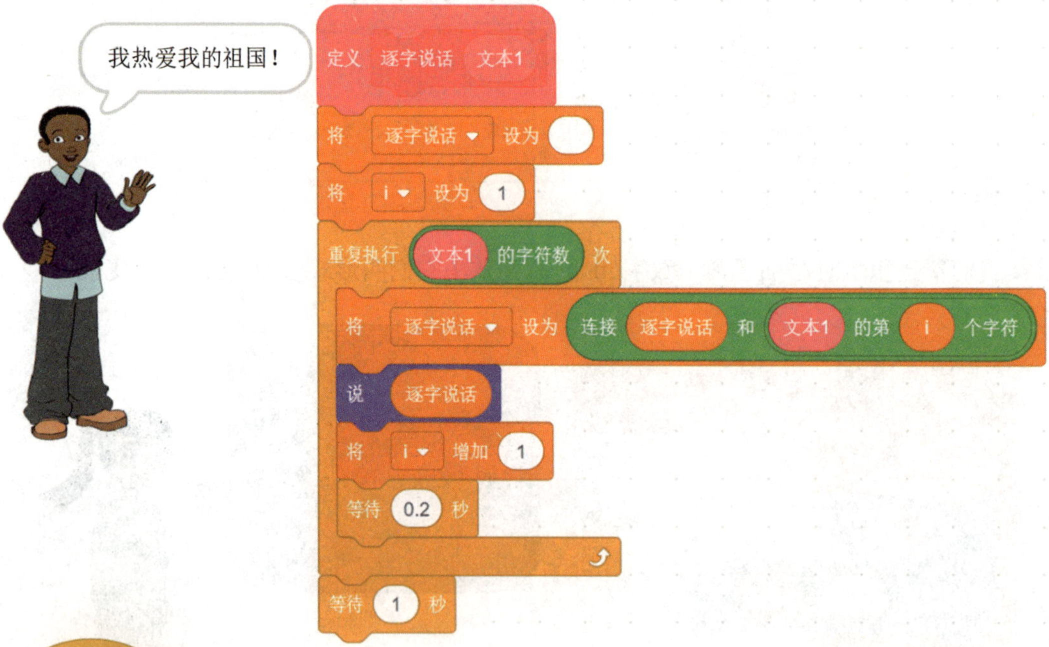

练习十

1. 运行如下图所示的程序后，以下描述正确的是(　　)

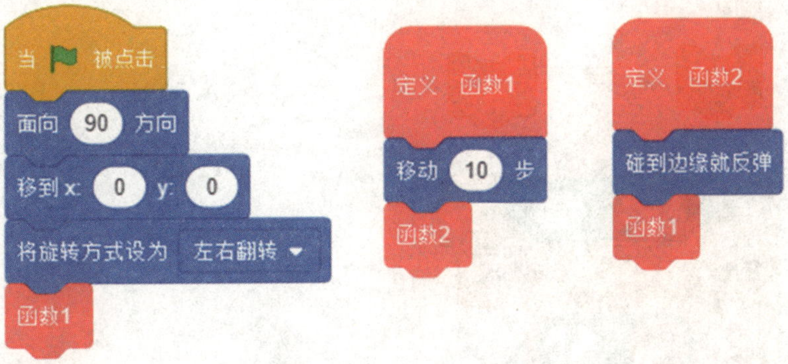

A. 角色停留在(0,0)位置不会移动
B. 角色会在舞台上沿着水平方向左右往返移动，碰到边缘就反弹
C. 角色会沿着水平方向，碰到边缘后停止移动
D. 角色会停留在(10,0)的位置

2. 点击绿旗后，积木“draw”执行了几次？(　　)

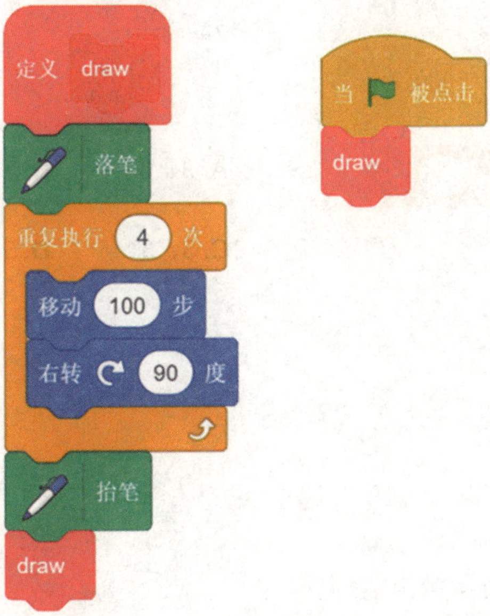

A. 1次　　B. 2次
C. 3次　　D. 无数次

3. 运行如下所示的程序，变量“sum”的值是(　　)

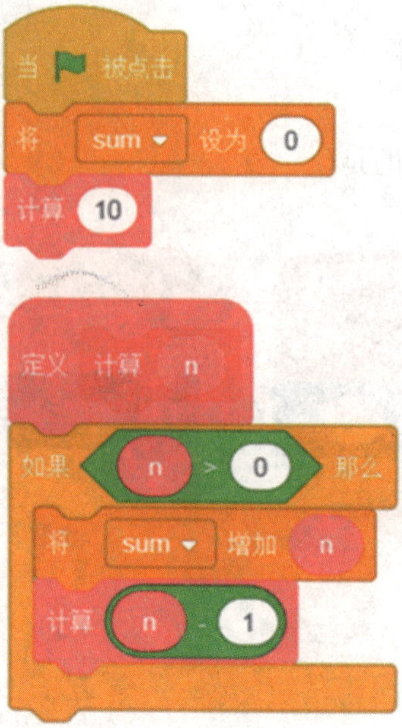

A. 50　　B. 55

C. 45　　D. 60

4．执行下面程序后，“列表”的前两项分别是（　　）

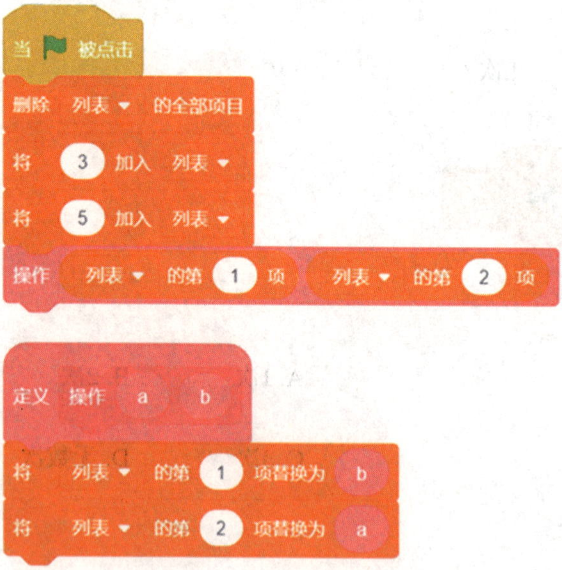

A. 3、3　　B. 3、5

C. 5、3　　D. 5、5

5．以下自定义脚本，将根据输入的数字，绘制出（　　）

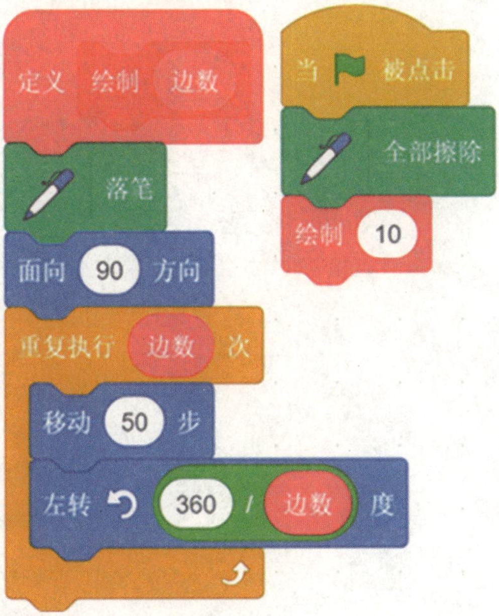

A. 正三角形，输入数字为边长
B. 正方形，输入数字为边长
C. 正 n 边形, 输入数字为边数
D. 正 n 边形, 输入数字为边长

大胆想一想

自制积木也叫“函数”，使用函数给我们的程序带来哪些好处？说一说函数中的形式参数和实际参数之间有什么关系？

我学到了什么？

体验篇

感受Scratch的神奇魅力

第3章 互动艺术

项目1 弹来弹去的小球

情境

球，其字的本义是美玉。《广韵》中说："球，美玉也。"《说文解字》中说："球，玉磬也(古代一种玉制的乐器)从玉，求声。" 根据殷墟出土的甲骨文记载，早在公元前1000多年前，中国就已经有足球游戏。最早的足球是用草或毛制成的。从公元前2世纪的汉代开始，足球改用熟皮制造，内充毛发，改名"鞠"。西汉人刘向《别录》中说："蹴鞠者，传言黄帝所作，或曰起战国时。"蹴，即用脚踢的意思。汉高祖刘邦，曾在皇宫内修建"鞠城"。到了唐代，发明用动物的膀胱(多用猪膀胱)放进皮球里作球胆，充气后使用。这已经和现代的足球相似了。

探究

现实生活中我们在操场上踢球，当球踢到墙上时是会反弹的，在今天的程序中我们也要实现类似功能，那么我们应该怎么实现呢?

程序功能：小球在舞台上左右来回弹来弹去。

建模

添加角色小球“ball”，小球需要使用运动模块实现功能，在舞台区来回移动碰到边缘并反弹，这里就需要用到运动模块中的——碰到边缘就反弹。

编程

第一步：删除默认的小猫角色，添加角色小球“ball”。

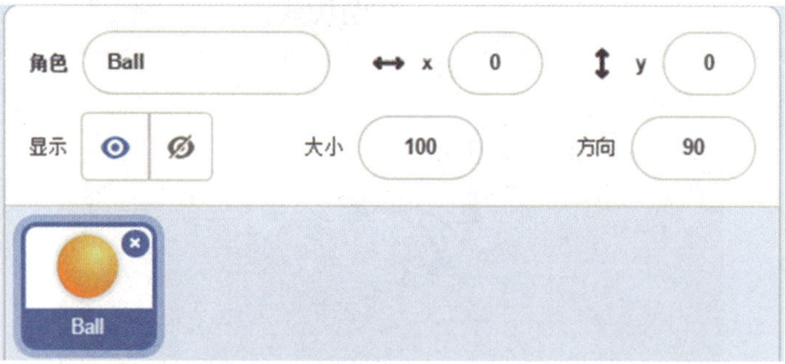

第二步：设定角色的初始位置在舞台的中央，设定角色的初始方向向右，设定角色的旋转方式为“左右翻转”。

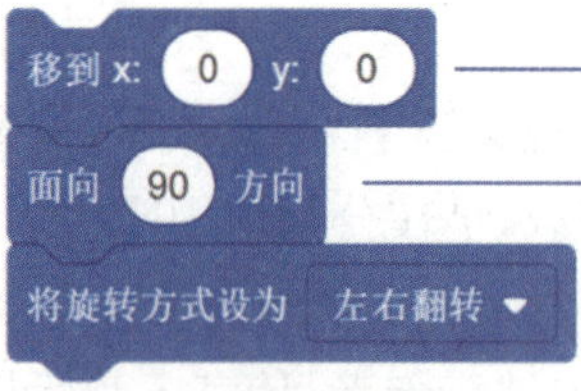

设定角色的初始位置在舞台中央

设定角色的初始方向向右

设定旋转方式为左右翻转

第三步：让小球左右来回移动。

借助控制模块里的“重复执行”让内部的指令重复执行。

“重复执行”里面的指令会按照从上到下的顺序依次循环执行：移动10步→碰到边缘就反弹→移动10步→碰到边缘就反弹……

第四步:给程序添加启动指令。

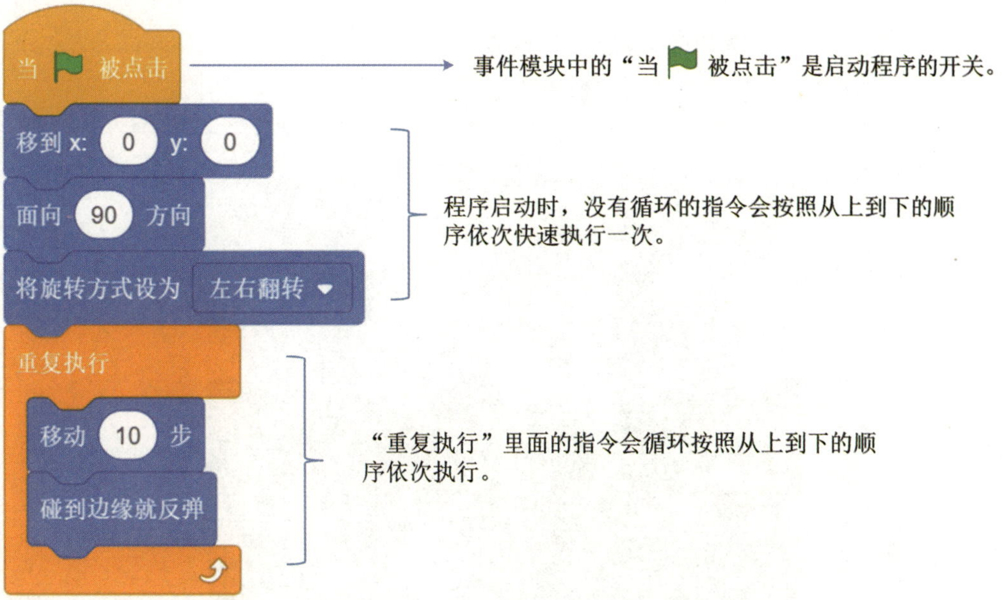

体验

扫一扫:扫描下方二维码体验程序。

拓展

尝试把角色的初始方向修改一下,程序会呈现什么样的效果呢?

反思

现实生活中踢球的时候,球的速度是渐变的。那么如何在程序中修改得到相似结果呢?

项目 2　小兔子数蘑菇

情境

兔是哺乳类兔形目兔科下属所有的属的总称，俗称兔子。生物学分类：动物界脊索动物门、脊椎动物亚门、哺乳纲、兔形目。

兔具有管状长耳（耳长大于耳宽数倍），簇状短尾和比前肢长得多的强健后腿。兔共 9 属 43 种，以亚洲东部、南部及非洲、北美洲种类最多，少数种类分布于欧洲和南美洲，其中一些种类分布广泛或者被引入很多地区，也有不少种类分布非常局限。陆栖，多见于荒漠、荒漠化草原、热带树林、干草原和森林或树林。

蘑菇是蘑菇科、蘑菇属称真菌，又叫白蘑菇、洋蘑菇，隶属于伞菌目伞菌科蘑菇属，是世界上人工栽培较广泛、产量较高、消费量较大的食用菌品种。

探究

程序执行时，小兔子切换造型同时先滑行到蘑菇 1 报数 1，在滑行到蘑菇 2 时报数 2，然后滑行到蘑菇 3 时报数 3，最后滑行到蘑菇 4 时报数 4，最后说一共有 4 个蘑菇，然后终止程序。

建模

添加小兔子和蘑菇角色需要网上下载素材，这里编程小兔子报数需要用到Scratch软件中的新版块——外观，说“你好”2秒。这里我们需要自行修改台词内容，程序要求是数字1，2，3，4。小兔子蹦跳是通过重复地切换造型来实现的。

编程

第一步：删除默认的小猫角色，添加角色——小兔子和四个蘑菇。

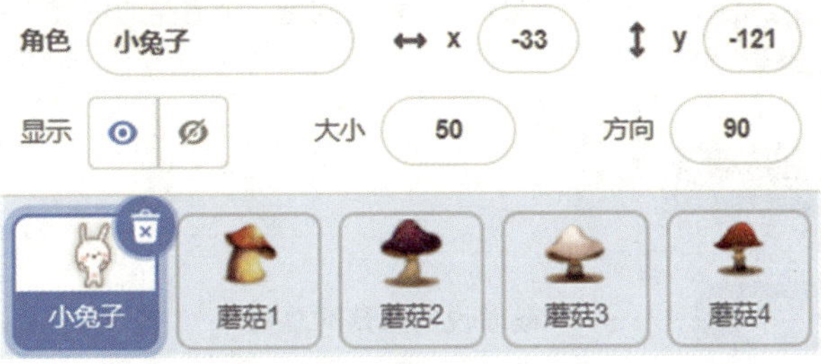

第二步：添加背景——grass。

第三步：调整每一个角色至合适的大小，把它们设定好合适的初始位置。

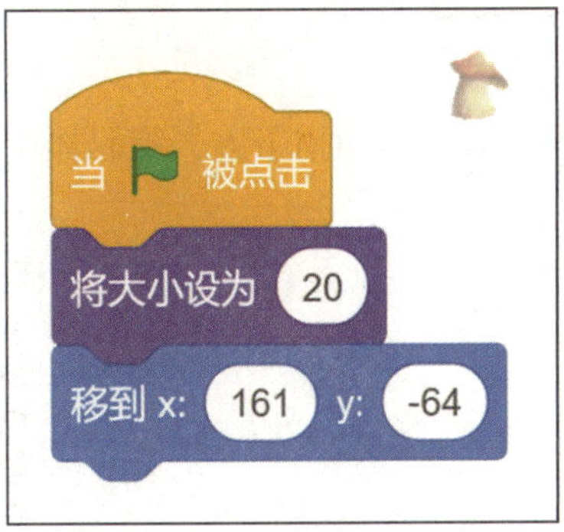

第四步：给小兔子编写脚本，小兔子有两段脚本，一段控制小兔子移动到每一颗蘑菇，另一段控制小兔子切换造型。

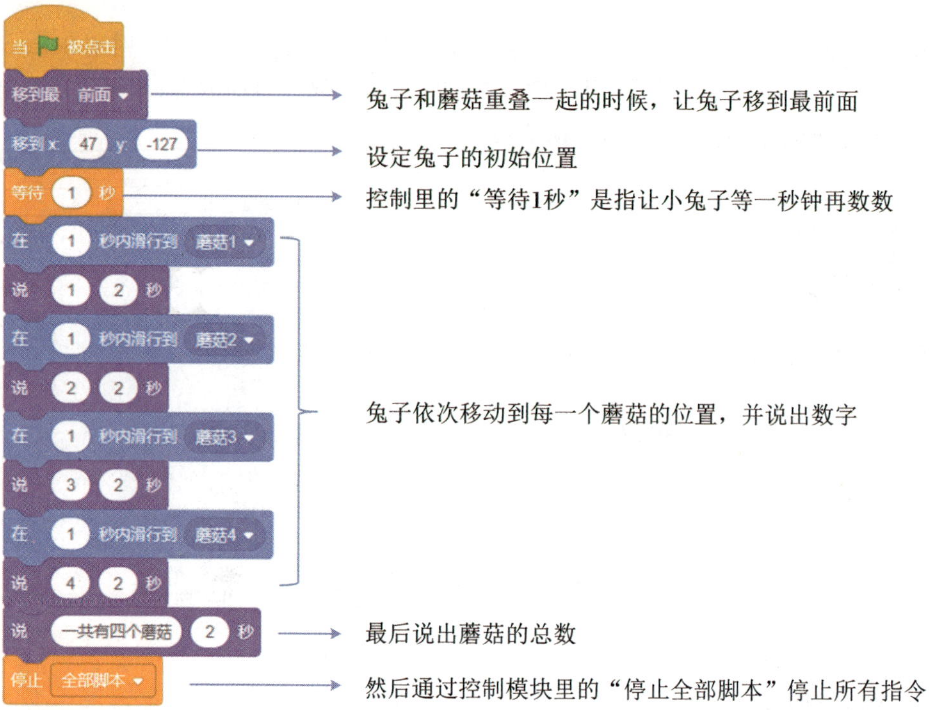

体验

扫一扫：扫描下方二维码体验程序。

拓展

还有没有其他的办法可以让兔子实现报数功能呢?

反思

我们发现兔子报数是根据碰到4个蘑菇后报数的,为了体现兔子的运动过程,这里采用的是使用在一秒内滑行到程序块来实现本节课的功能。你们可以添加新的功能,来让兔子说出具体碰到的是哪种角色吗?

项目3 炫酷的特效

情境

所谓特效,就是一种虚拟的在现实中不存在或者难以呈现的形象主体或场面。通过一定的拍摄技巧或者电脑的合成,来实现现实中达不到的影像目的。影视特效是极高的视觉艺术,有着很强的视觉感染力和冲击力。在Scratch中不同特效会产生意想不到的效果。

探究

程序功能：点击不同的角色，角色改变不同的特效，并说出是哪种特效。

通过使用不同特效来让角色产生特定的变化，为了方便知道使用了哪种特效，我们组合使用说话功能，让角色自己说出使用了哪种特效。既然需要点击，这里肯定是需要用到按键程序块的，并且再按下之后出现特效，那么 Scratch 软件中有哪些特效呢？

建模

Scratch 编程中有多种图形特效，可以帮助我们制作出很多种奇特的效果，他们分别是：颜色、鱼眼、漩涡、像素化、马赛克、亮度和虚像。

涉及积木的只有 3 个，全部都在外观分类中，分别是：将特效设定为；将特效增加；清除图形特效。在使用时，需要通过积木中的下拉菜单，选择设定需要执行的特效选项。

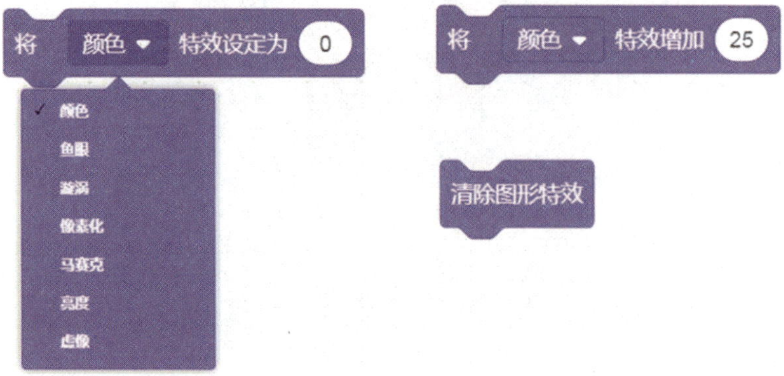

接下来就请同学们自己按照下面编程的程序内容完成本节课程序，具体特效效果先自己尝试。

编程

第一步：删除默认的小猫角色，添加角色——monkey，鼠标右键点击角色的图标，选择复制，即可复制角色。一共复制 7 个角色。

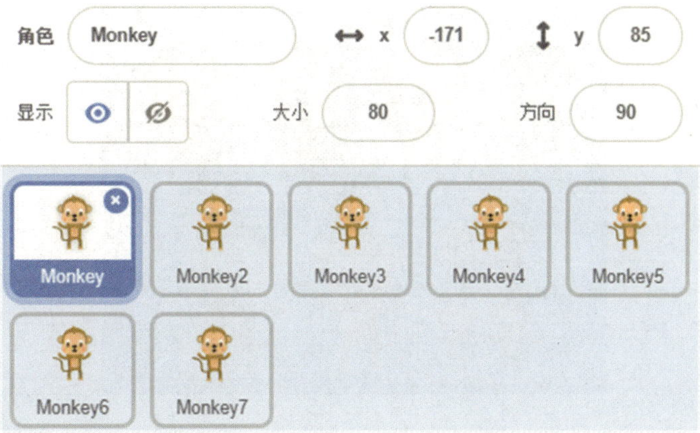

第二步：设定每一个角色的初始位置。

第三步：给一个角色 monkey 改变颜色特效。借助“事件模块”里的“当角色被点击”指令来实现点击角色即可启动程序。

第四步：分别点击其他的角色，使得其他角色改变不同的特效，并说出特效。

体验

扫一扫:扫描下方二维码体验程序。

拓展

一个角色能不能同时拥有多种特效呢?

反思

下面我们来总结一下各种特效的效果。

颜色特效是改变角色的颜色,鱼眼特效是让角色膨胀,旋涡是让角色扭曲,像素化是让角色变模糊,马赛克是让角色分裂。亮度是让角色逐渐变白亮。虚像是让角色变透明。特效一共是7种,清除图形特效在外观中,有一个清除图形特效积木,它的作用是:清除当前角色上所有已经存在的特效效果,恢复成默认的样子。

同学们,你们总结得正确吗?

项目4 美丽的夜空

情境

宇宙星体来源于138亿年前的宇宙大爆炸，由星系、恒星和行星组成。但实际上，构成茫茫宇宙的数十亿颗星星纷繁复杂，充满着无数的奇怪现象。从超新星爆炸引起的恒星火花到看不见的黑洞，天文学家正逐渐了解星球是如何运转的，是什么让每颗星星具有自己的特色。即便如此，宇宙中还是存在许多未解之谜。

探究

程序功能：用程序展现璀璨的星空，星星忽大忽小、忽明忽暗。

实现这样的效果需要使用Scratch中的特效部分，既然要实现忽明忽暗的效果，肯定是和特效中的亮度有关。忽大忽小和角色大小有关，那么是什么特效呢？

建模

Scratch编程中，除了亮度之外还有多种图形特效，可以帮助我们制作出很多种奇特的效果，他们分别是：颜色、鱼眼、漩涡、像素化、马赛克、亮度和虚像。

其中涉及积木的只有3个，全部都在外观分类中，分别是：将特效设定为；将特效增加；清除图形特效。在使用时，需要通过积木中的下拉菜单，选择设定需执行的特效选项。

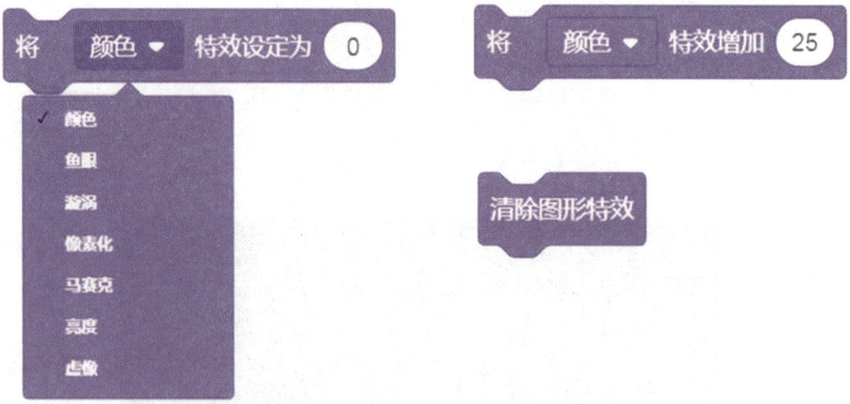

使用亮度特效可以改变图像的亮度，亮度特效可以控制图像变亮或者变暗。亮度特效的数值默认是0，应用范围是－100～100（当然你可以设定更高或更低的数值，但是那没有实际意义，因为10000的数值和100都是一样的），随着数值的增加，亮度增强，达到100时，图像已经不可见了。相反，随着数值的降低，亮度减弱，当数值达到－100时，图像会变成全黑色。

编程

第一步：删除默认的小猫角色，添加角色“star”和背景“夜晚2”。

第二步：设定星星在舞台上的位置。并设定星星的初始大小和初始的亮度。

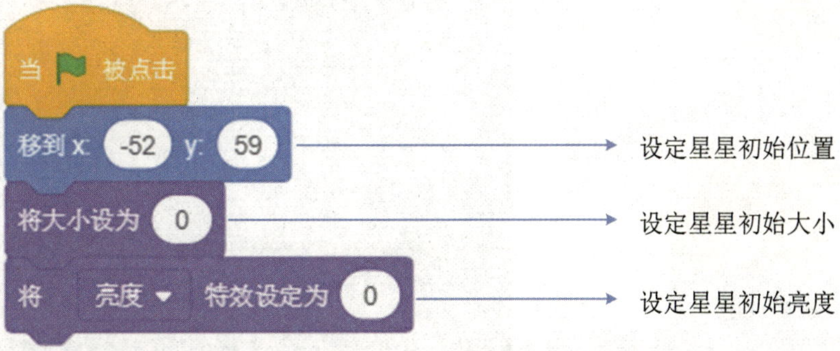

第三步：让星星忽大忽小、忽明忽暗——大小、亮度不断增加和减少。这里我们需要借助“控制模块”里的“重复执行10次”来实现。“重复执行”我们将在后面进行详细介绍。

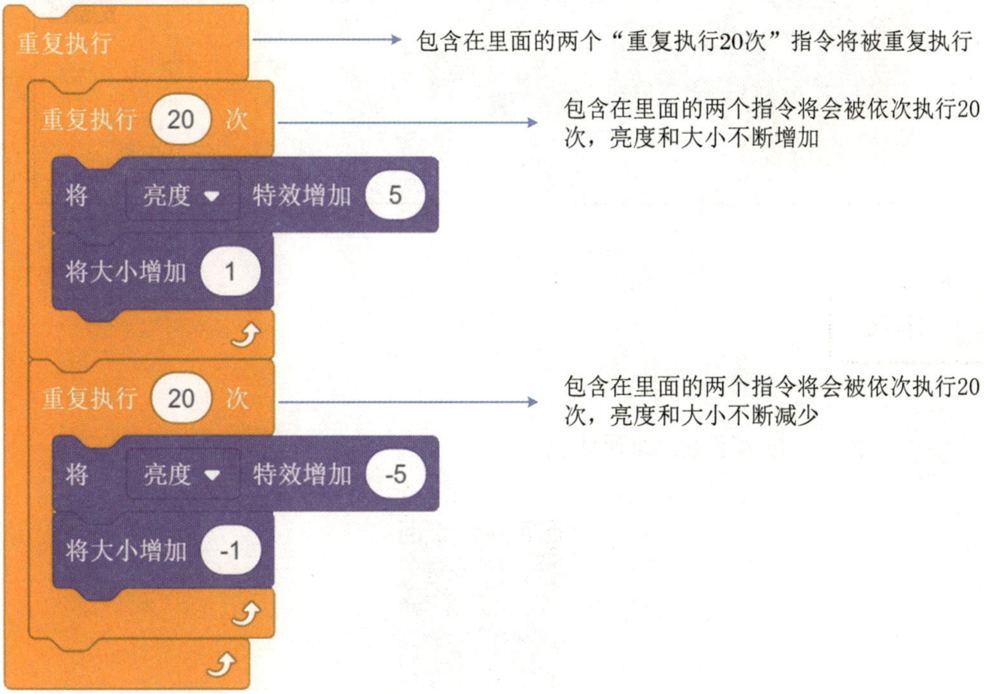

第四步：复制角色“star”，角色star的脚本也将同时被复制到新的角色中去。

体验

扫一扫:扫描下方二维码体验程序。

拓展

星星还能不能增加其他特效呢?

反思

特效中的亮度是改变角色的明暗,初始亮度设置为0。为了让角色变化是一个循环的过程,亮度增加总次数和减少总次数要一样。如果不一样的话可能会导致角色过暗或过亮。

同学们能不能思考一下，其他特效能否实现相似循环功能呢？

项目5 看我施魔法

情境

魔法——传说中的神秘力量，魔法被广泛地应用于各种文学读物、影视作品、动漫游戏等，根据创作者的设定而各有各的特点，指导思想为通过不科学的手段改变事物及现实。小说中、影视作品中对魔法比较常见的定义是“使用意念操控自己身边真实事物的变化，从而达到攻击、治疗、防御或者其他效果”。魔法常出现于科幻小说及影视作品中。

探究

程序功能：魔法师念咒语施展魔法，让其他3个的角色发生奇妙的变化：变大，跳舞，跳一跳。

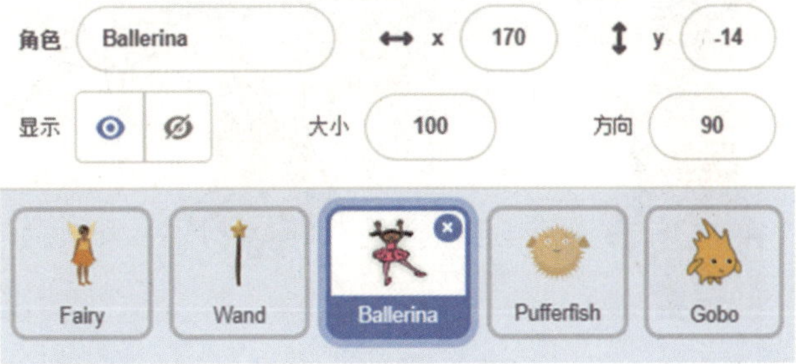

这里的程序是魔法师先说咒语，然后让角色 Pufferfish 变大，其次让角色 Ballerina 跳舞，最后让角色 Gobo 跳一跳，说明这里程序执行是有先后顺序的。那么如何实现此效果呢？这里我们用到的是 Scratch 事件分区里的广播。

建模

不同角色之间建立联系必须使用事件分区里的广播，这样程序在执行期间是有先后顺序的。本程序里的三个广播，其中前两个都使用了广播并等待，接收广播的角色执行完后面的指令，下一个广播才会发出去。这样做是为了实现三个角色依次进行对应的魔法动作。最后一个广播后，没有其他广播，因此不需要再做其他的等待。

编程

第一步：删除默认角色小猫，添加角色：魔法师 Fairy，魔法棒 Wand，角色 Ballerina、Pufferfish 和 Gobo。

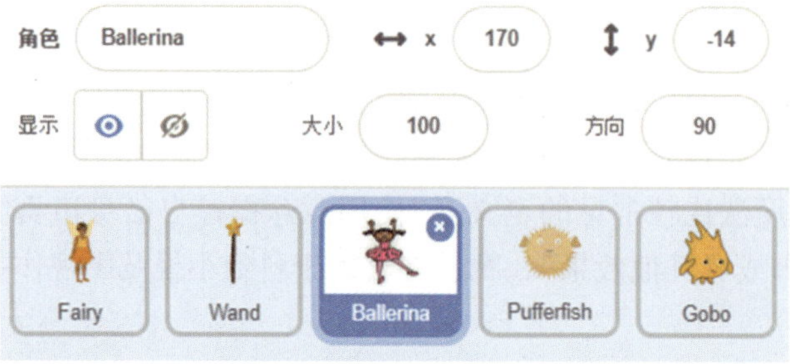

第二步：设定各个角色的初始位置和初始大小。

第三步：编写魔法师的脚本——魔法师念完咒语，发出广播。

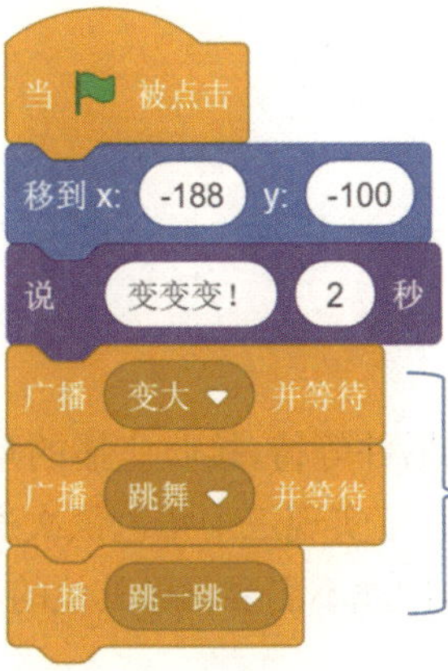

依次发出三个广播：变大、跳舞、跳一跳。

三个角色分别接收对应的广播后依次做出相对应的动作——Pufferfish变大，Ballerina跳舞，Gobo跳一跳。

第四步：角色 Pufferfish 变大。

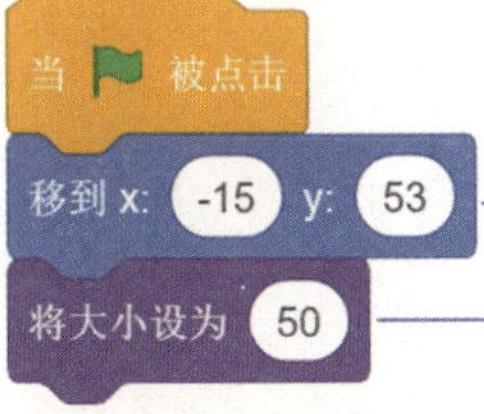

设定初始位置

设定初始大小为50

接收到“变大”的广播

借助控制里的次数循环让角色大小增加50

第五步：角色 Ballerina 跳舞。

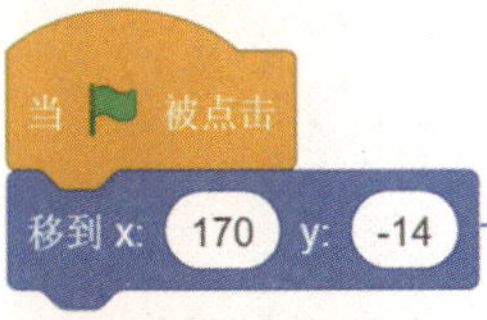

设定初始位置

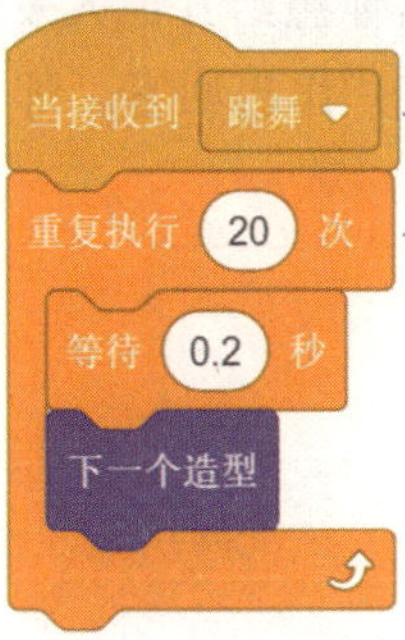

接收到“跳舞”的广播

借助控制里的次数循环让角色切换造型(跳舞)

第六步：角色 Gobo 跳一跳。

提示

本程序里的三个广播，其中前两个都使用了广播并等待，接收广播的角色执行完后面的指令，下一个广播才会发出去。这样做是为了实现三个角色依次进行对应的魔法动作。最后一个广播结束后，没有其他广播，因此不需要再做其他的等待。

体验

扫一扫：扫描下方二维码体验程序。

拓展

既然广播执行有先后之分，那么我们能不能在魔法师念完咒语后，让多个角色同时产生反应呢？

反思

广播是有先后之分的，广播功能就像是现实生活中的微信，当你想给其他人发送信息时必须先指定接收人，接收人必须要先接到消息才能看到具体内容并作出回答。那么角色之间能不能实现对话交流呢？

项目6　我爱背古诗

情境

《唐诗三百首》共8卷(或作6卷),选诗310十首,不同刻本有321首、317首、302首等多种,常用底本光绪年间的四藤吟社本为313首。称“三百首”可能是沿袭“诗三百”的说法,只是取其整数而已。此书分体编排,有五言古诗、七言古诗、五言律诗、七言律诗、五言绝句、七言绝句及乐府诸体,其中古体诗占1/3,近体诗占2/3。虽然《唐诗三百首》的全部作品只占全唐诗的1/160,但不少是唐诗传世佳作。此书收录作者77人,包括帝王、士大夫、僧人、歌女、无名氏等,大多数为唐诗代表作家。其中杜甫39首,王维29首,李白29首,李商隐24首,孟浩然、韦应物、杜牧各有10多首。

探究

程序功能:用程序实现背古诗的动画,角色说诗句并且显示台词,同时说出诗句配音台词。

诗句显示和角色说出诗句都是需要耗费时间的,为了保证文字和声音同步,“说”的时间参数不能低于录制的声音的时间长度。角色既然要有台词需要录制,那么Scratch软件的声音录制是怎样使用的呢?

建模

本次程序角色所需台词是通过说诗句并且显示台词。下面来简单介绍一下如何录制声音。

① 点击角色，然后进入到角色的声音界面。

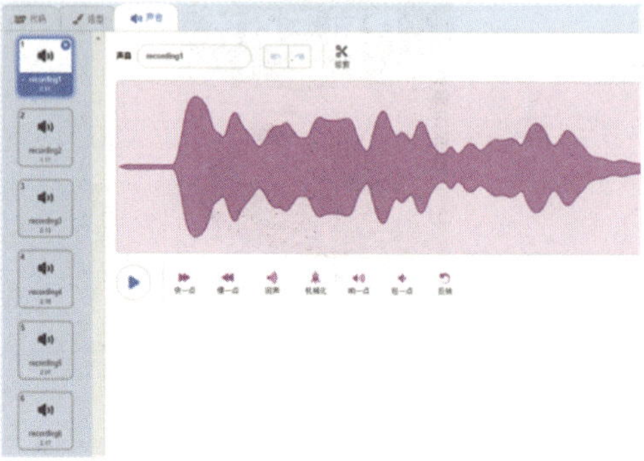

② 在左下角，选择录制声音。

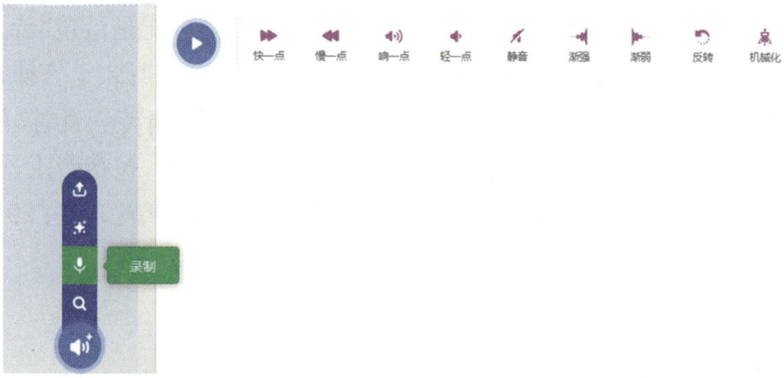

③ 浏览器上出现一个需要使用麦克风的提示，点击“允许”。

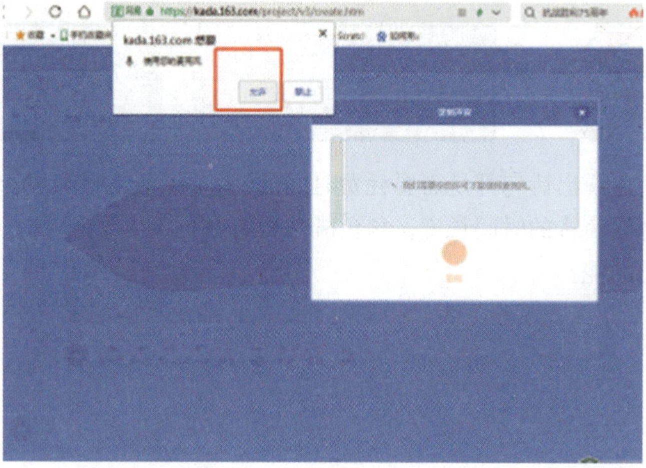

④ 在小对话框里点击红色按钮开始录制声音。

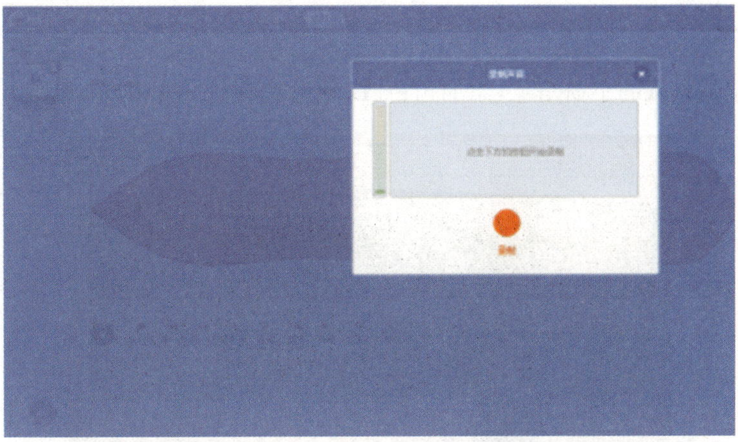

⑤ 点击停止键，声音录制完成，我们可以点播放听效果，效果不好可以重新录制，满意后点击保存。

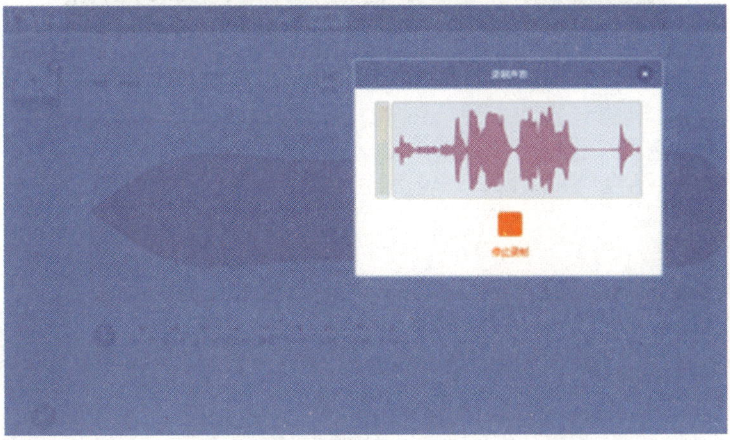

⑥ 保存后，在声音界面就有我们刚才录制的声音了，可以给这段录音取个名字。

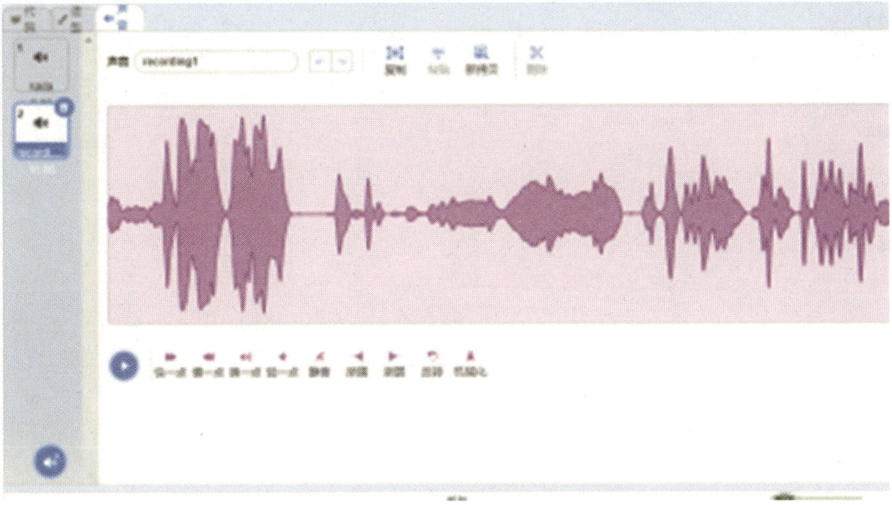

编程

第一步：删除默认的小猫角色，添加角色“Devin”和背景“Chalkboard”。

第二步：通过“录制声音”给角色 Devin 添加每一句台词对应的声音（配音）。

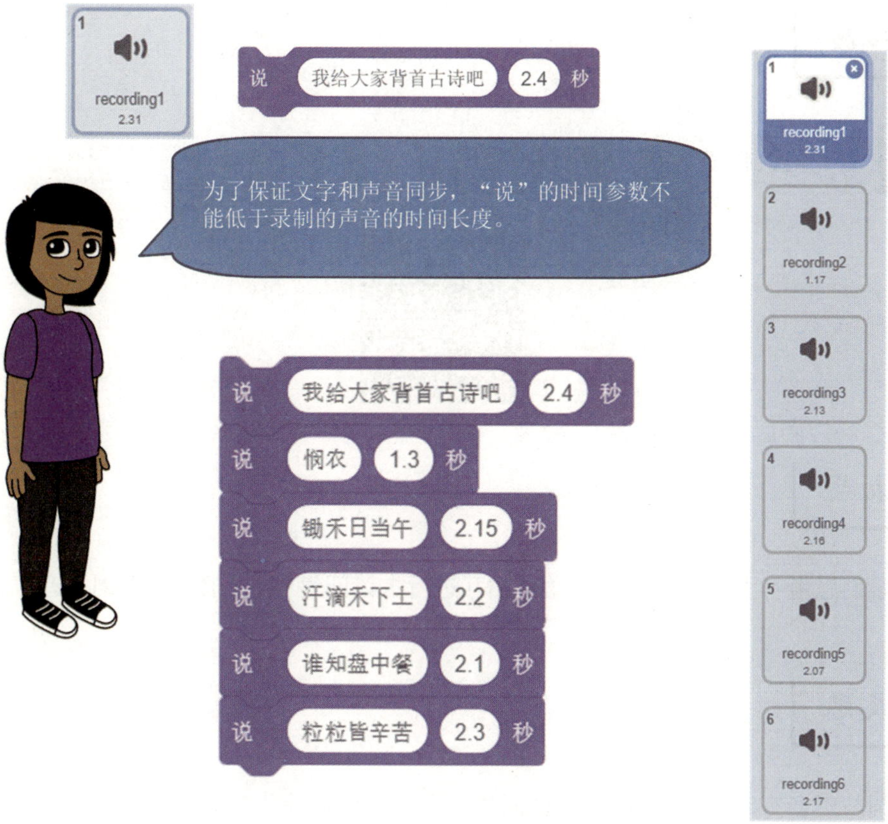

第三步：角色一边背古诗（说出古诗的词句），一边播放声音。

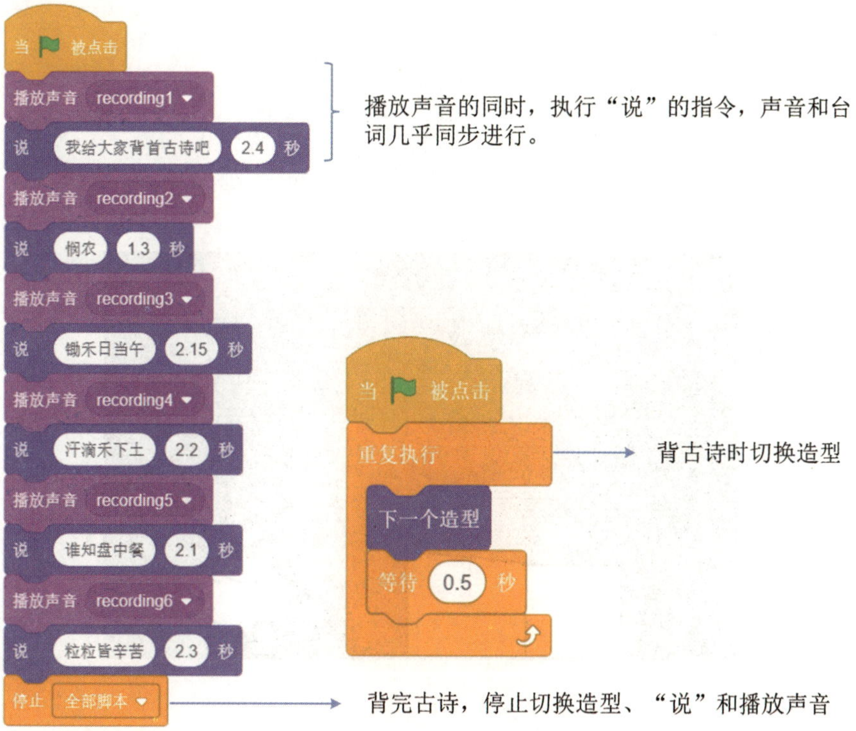

体验

扫一扫:扫描下方二维码体验程序。

拓展

同学们思考一下能否实现两个角色相互进行古诗问答呢,要求既有台词又有声音?

反思

台词与声音有时间误差,可以在台词和声音中间加上等待时间来减小误差,另外在软件中可以使用剪切功能对声音进行修剪来使音话同步。同学们熟悉声音的录制和使用后你们能不能做出更多好玩声音相关的作品出来呢?

项目7　雪花飘飘

情境

大气中的水蒸汽直接凝华或水滴直接凝固而成，就是雪。也可说是云中的温度过低，小水滴结成冰晶，落到地面仍然是雪花时，就是下雪了。冰融化时会吸热，所以地面气温会比下雪时低。

1. 大气中需含有较冷的冰晶核。

2. 充分的水汽。

3. 0 ℃(冰点)以下。如该冷空气相当强烈，并带着湿气，1 ℃～10 ℃的气温同样可以降雪。

探究

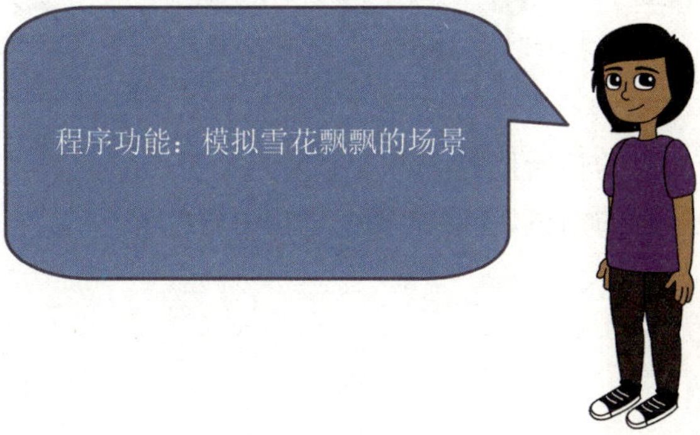

如何让雪花重复多次出现，并且每次出现的地方都不一样？

建模

利用克隆让雪花可以出现很多，利用随机数和定位指令让雪花每次出现的位置都不一样。

编程

第一步：添加角色 Snowflake、树木、雪人，绘制房屋，绘制深色的背景。

第二步:设定各个角色的初始位置。

第三步:雪花是最主要的角色,程序主要在雪花的角色上。

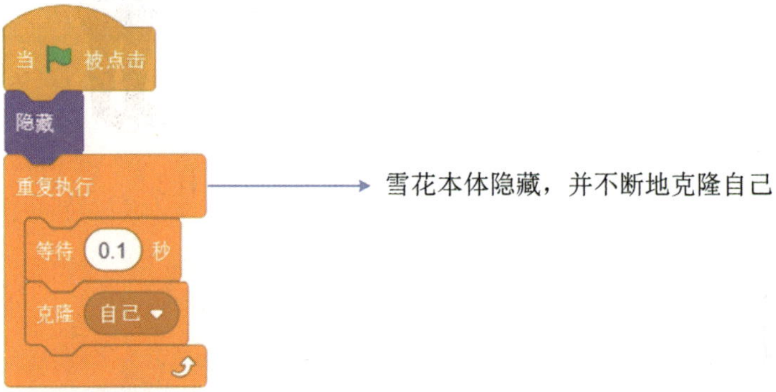

作为克隆体的雪花从舞台的正上方随机位置(从左往右随机位置)出现,缓慢向下飘落。

我们在第一节中介绍位置的时候,舞台最左侧的 x 坐标为 -240,最右侧的 x 坐标是 240。所以左右随机位置我们用 x 的范围:-240～240 来表示。

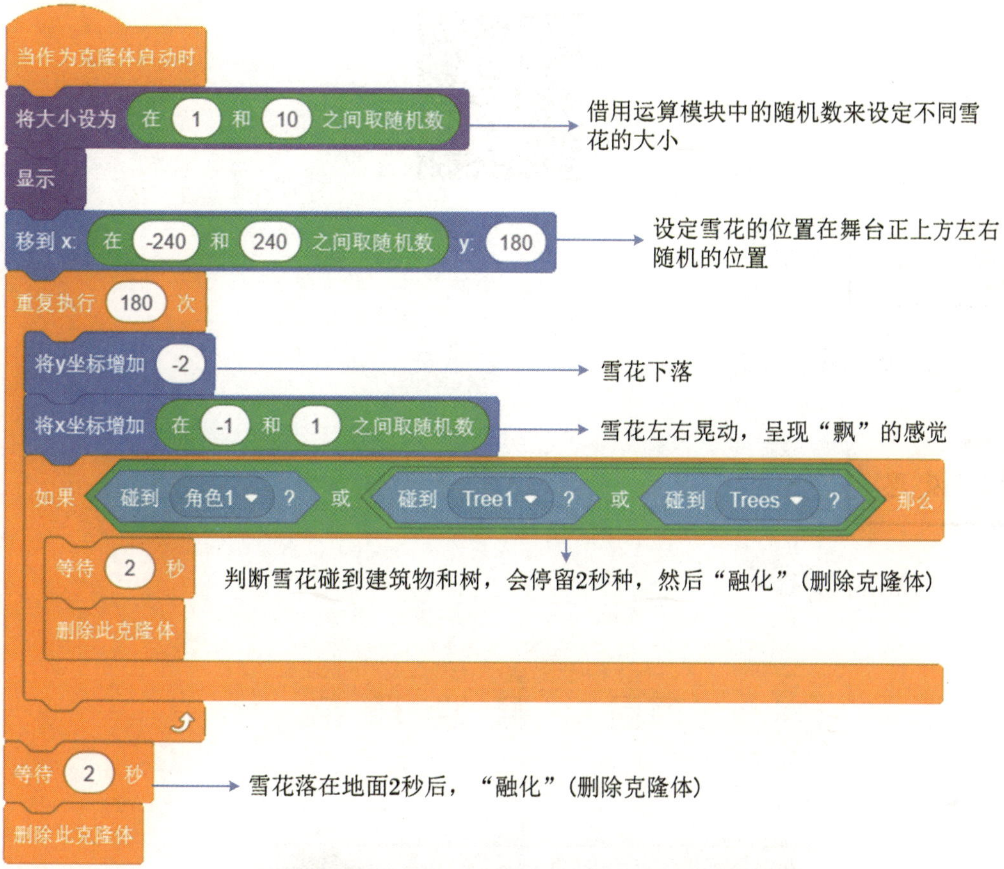

体验

扫一扫：扫描下方二维码体验程序。

拓展

构造不同形状的雪花。

反思

如何控制降雪量。

项目8 遍 地 开 花

情境

花朵姹紫嫣红，甚是美丽，花香更是会让人心旷神怡，身心愉悦。

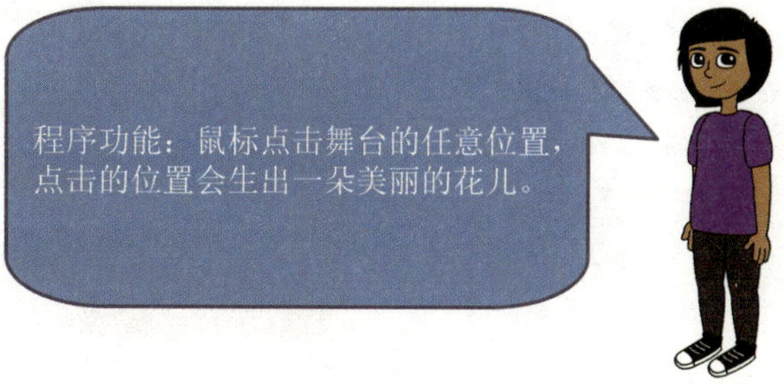

探究

花朵是由哪些部分组成，怎么让花朵由一个变成多个的。

建模

利用图章实现花朵由一个变成多个，并使用随机数让每次的花朵都不一样。

编程

第一步：绘制一个角色，并给角色添加若干个造型。

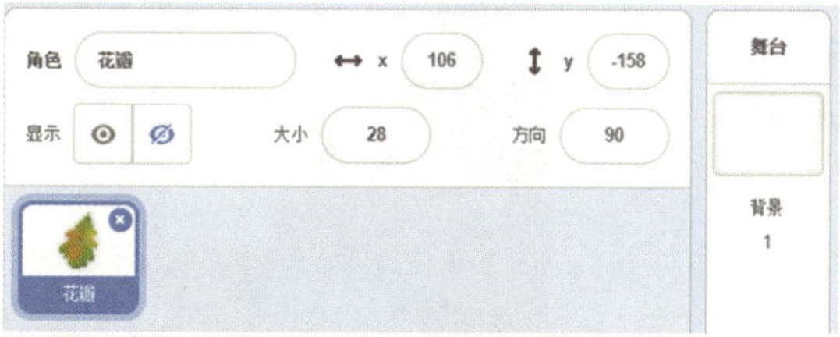

第二步：设定角色为隐藏状态，设定角色的初始位置为舞台中央，并全部擦除所有痕迹。

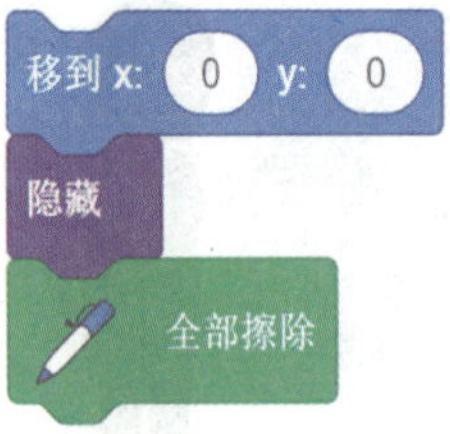

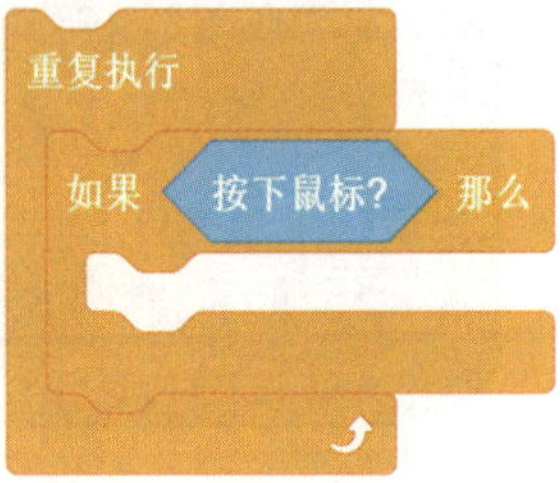

第三步：利用循环和条件指令来实现“按下鼠标”的侦测判断。

第四步：按下鼠标，角色切换为随机造型，随机大小，然后移到鼠标指针准备图章绘制花朵。

第五步：图章绘制花朵。

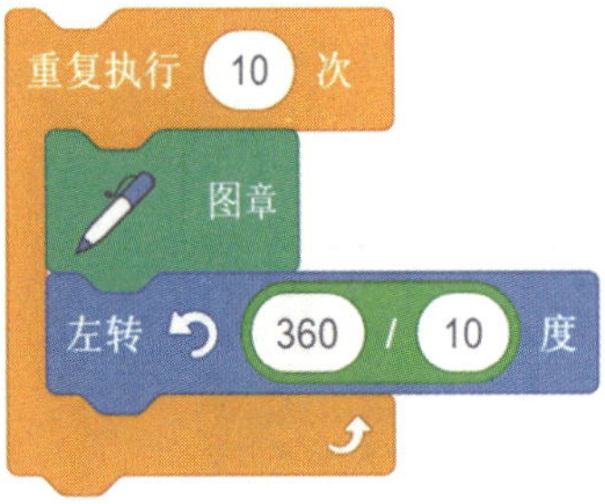

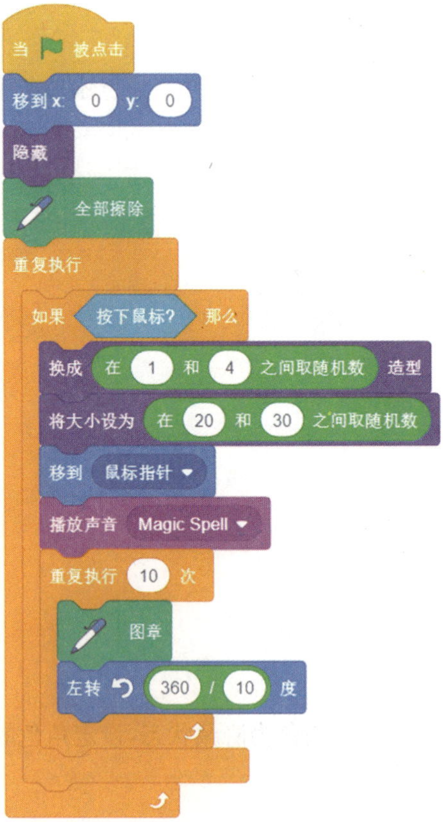

完整脚本

体验

扫一扫：扫描下方二维码体验程序。

拓展

绘制出更多不同的花朵。

反思

添加程序，给花朵加一个花瓣。

项目9　鲜艳的五星红旗

情境

“五星红旗迎风飘扬，胜利歌声多么响亮，歌唱我们亲爱的祖国，从今走向繁荣富强……”。

五星红旗是我们的国旗，旗上的 5 颗五角星及其相互关系象征中国共产党领导下的全国各族人民大团结。五角星用黄色是为了在红地上显出光明，4 颗小五角星各有一尖角正对着大星的中心点，表示全国人民团结在中国共产党的周围。

那我们如何利用程序来绘制一面鲜艳的五星红旗呢？

探究

这是一个编程与艺术相结合的程序。通过画笔模块绘制五角星是程序中的重难点。

建模

在绘制之前我们要先了解五角星的结构，尤其是了解画笔旋转的度数是我们绘制实心五角星的关键。

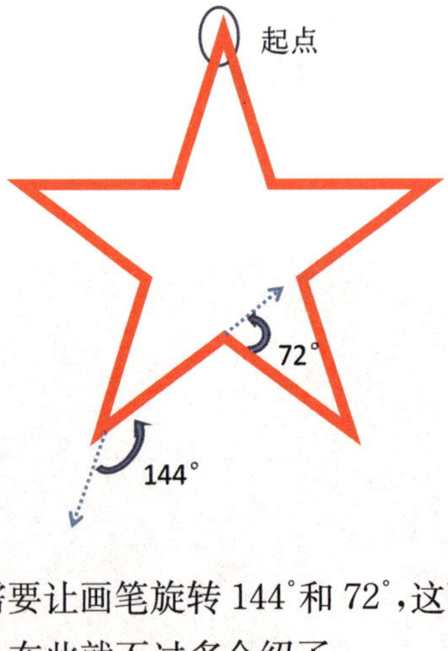

绘制五角星的时候，我们需要让画笔旋转 144°和 72°，这两个度数是怎么来的，我们在初中学习多边形几何后就能算出，在此就不过多介绍了。

知道了旋转度数，那么问题就很好解决了。我们只需要使用循环，画出 5 个角就行了。

编程

第一步：填充红色的舞台背景。

第二步：选择空白的画笔，绘制1个实心的一个大五角星以及4个小五角星。

第三步：设定好每个五角星的位置，绘制完整的五星红旗。严格地说，五角星的位置具有特殊性，我们就不在这里做详细的介绍了。

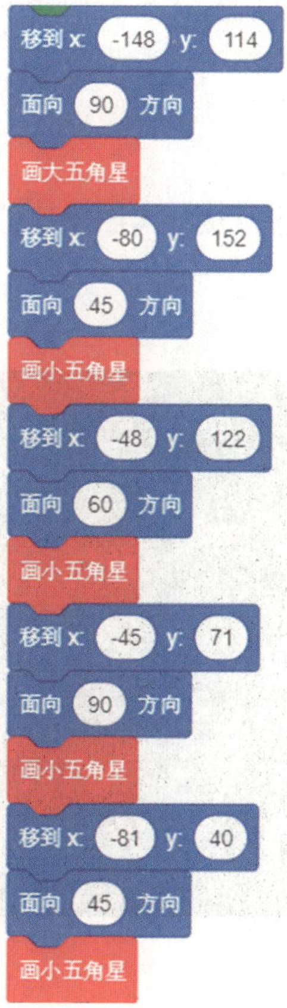

体验

扫一扫:扫描下方二维码体验程序。

拓展

在绘制的过程中添加国歌的背景音乐,向五星红旗敬礼!

反思

本项目的难点在于如何绘制五角星,需要我们对于初中的几何知识做一些基本了解。通过对角的计算,了解画笔旋转的度数。

项目 10　璀璨的烟花

情境

烟花又称花炮、烟火、焰火、炮仗，《中国烟花爆竹标准——安全与质量》对烟花爆竹的定义为：以烟火药为原料，用于产生声光色的娱乐用品。中国劳动人民较早发明，常用于盛大的典礼或表演中。

对中国人来说，春节是一个特别重要的节日。在爆竹声中过年，是持续了千年的中国式浪漫。烟花爆竹不仅是年味的象征，更是传统故事里驱赶年兽、祛病驱邪的法宝。在年关，人们将合家团圆、寄望新年等诸多情感寄托在一挂鞭炮、一束烟花中，这是中华民族文化血脉中延续千年的浪漫情怀与文化的仪式感。

探究

今天我们来学习使用程序来模拟烟花升空爆炸带来的视觉体验。

在我们讲今天的项目之前，你是否也尝试过用 Scratch 来模拟烟花的方法呢？你是怎么做的？

我们知道在烟花升空爆炸的过程中，既有角色的移动，又有我们学习的特效，甚至用到了克隆。你有想到过用画笔模块来实现烟花升空爆炸的效果吗？快来试一试。

建模

烟花的升空爆炸的过程，需要我们解决两个问题：烟花升空和烟花爆炸。

我们现在来看看烟花移动升空的问题：

整个烟花移动的过程都是拖着尾巴的渐变效果的。这里似乎有颜色和虚像的特效。

今天我们学习使用一个非常特别的技巧来实现烟花拖着尾巴升空的渐变效果。我们利用一个不断图章的半透明的“舞台”来“遮盖”不断移动升空的烟花。

烟花在移动的过程中遵循着抛物线的运动规律，所以升空的时候不断减速，下降的时候不断加速。我们利用变量来控制烟花实现抛物线运动的效果。

我们再来看看烟花爆炸的问题：

当烟花上升到最高位置时，画笔克隆，然后向四周移动并按照抛物线规律降落。因为各个克隆体都有自己的速度和位移的距离，所以这里涉及到的变量都是私有变量，我们需要注意。

接下来，我们一起来编写这个有趣的程序吧！

编程

第一步：我们绘制一个舞台大小的黑色实心的长方形，设定它在舞台的中心位置，并让它保持90%的虚像特效，不断进行图章。

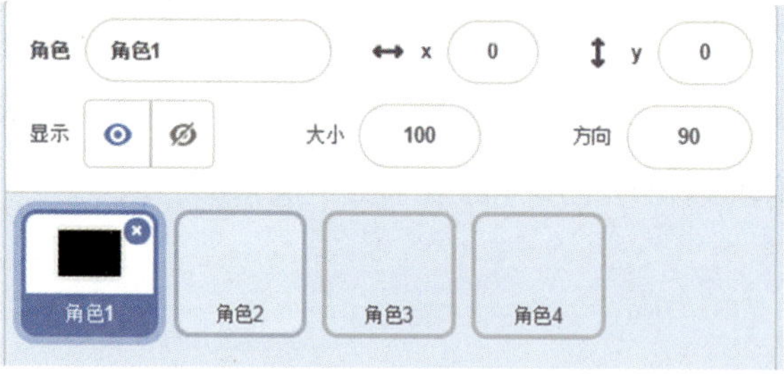

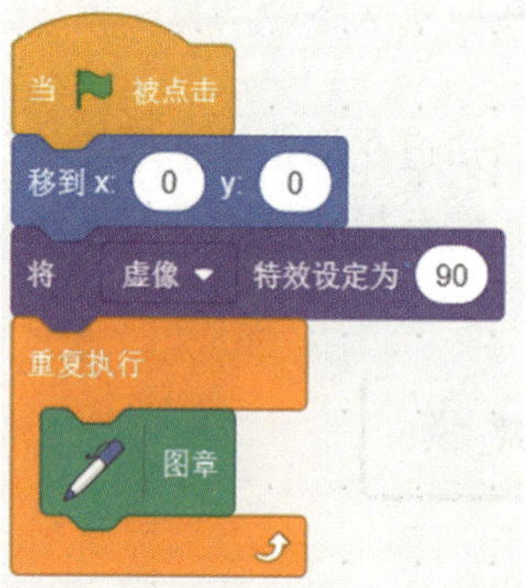

第二步：新建一个空白的角色，这个角色起着画笔的作用，在移动的过程中绘制烟花的效果。所以我们对它进行画笔的初始设定。

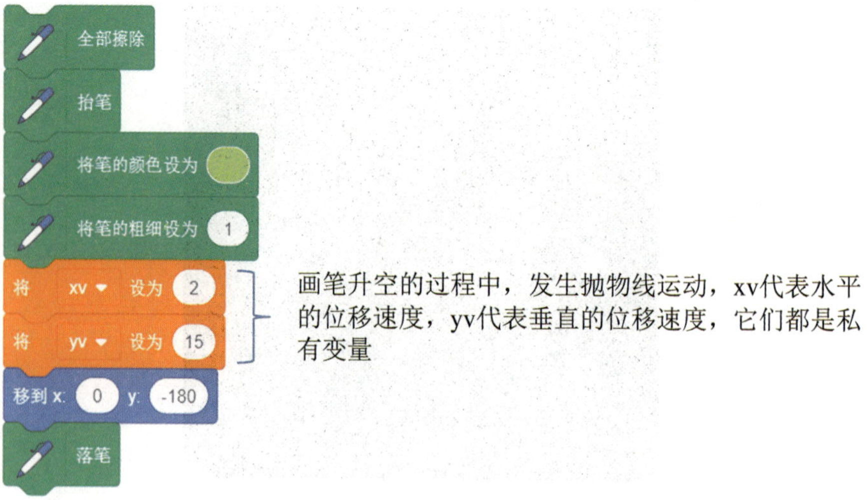

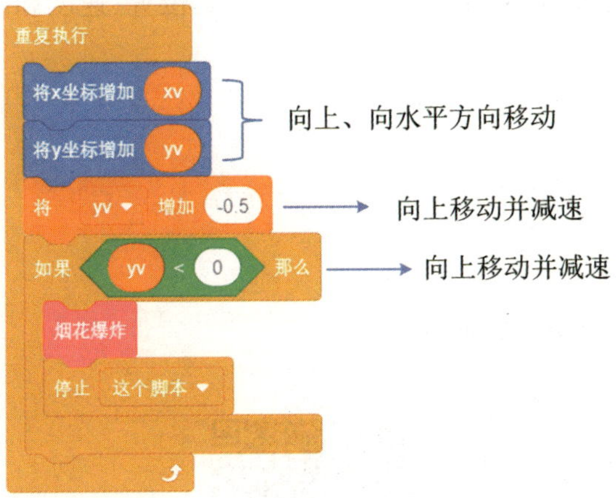

第三步：自定义“烟花爆炸”的积木，为了体现烟花瞬间爆炸的效果，我们在定义积木时，要勾选“运行时不刷新屏幕”。

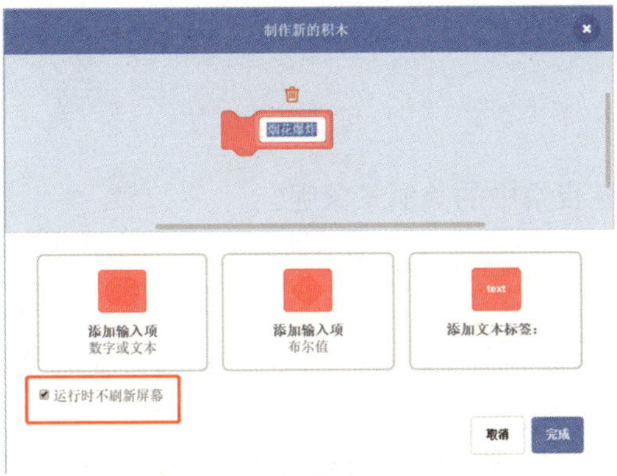

第四步：烟花爆炸的时候，画笔被克隆后，克隆体绘制飞向不同方向的烟花移动轨迹。

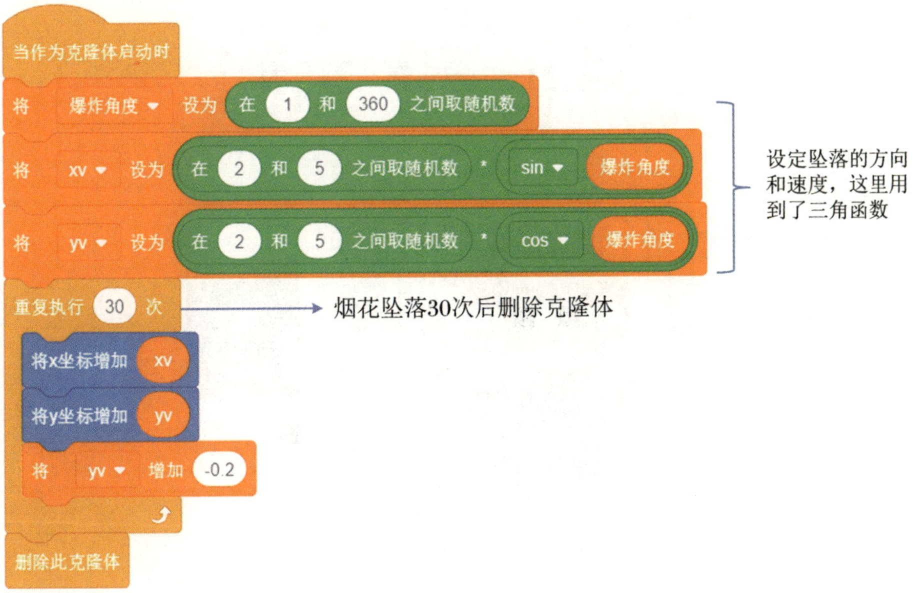

第五步：多复制几个烟花（画笔），修改它们的初始位置、速度和间隔的时间使得烟花升空爆炸此起彼伏。

体验

扫一扫：扫描下方二维码体验程序。

拓展

你还可以用什么方法实现烟花绽放在夜空中的美丽景象呢？

反思

本项目主要学习使用克隆和私有变量来实现克隆体较复杂的特效的变化，重点理解私有变量的使用方法。

项目11　像素画板

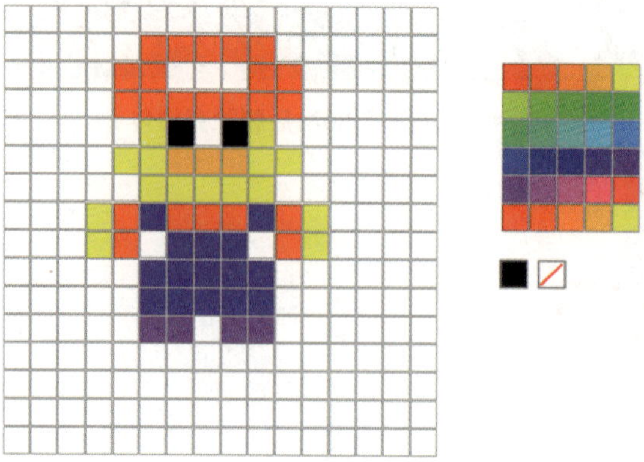

情境

像素画属于点阵式图像，但它是一种图标风格的图像，更强调清晰的轮廓、明快的色彩，几乎不用混叠方法来绘制光滑的线条。像素画板是一款强大、简洁易用的像素绘画软件，提供当前各种常见的像素方块，全面的调色盘，用户们可以在画板上绘制色彩丰富的像素作品。

探究

使用克隆小方块矩阵来实现像素画布，再使用鼠标选择调色盒上的颜色在画布上绘制像素画，这是一件特别有意思的事情。对于喜欢像素游戏和像素画的你，是否已经迫不及待了呢？

矩阵的像素画布，我们使用克隆即可实现，但调色盒的功能是如何实现的呢？我们使用鼠标点击调色盒里的不同颜色，程序是怎么拾取这些颜色的呢？我们学习过颜色特效，颜色特效值可以改变颜色特效。那么是不是跟颜色的参数有关呢？

建模

我们先来梳理一下这个程序中三个重要的问题：绘制矩阵的像素画布；绘制调色盒；实现调色盒的功能。

像素画布是一个比较简单的问题，通过绘制小方块的角色，然后使用两层循环嵌套在舞台上克隆 n 列 m 行的矩阵即可，在绘制的过程中注意小方块的边长和调整小方块之间的距离，使得画布更紧凑整齐。

像素画布

调色盒

这个由若干个小方块组成的画布，每一个方块都是由这样几个造型组成：白色方块、红色方块、黑色方块，其中红色方块是基本颜色，调色板上的颜色都是基于红色来变化的。

调色盒的绘制和画布绘制道理相同，但在绘制调色盒的过程中，调色盒的每一个方块颜色特效不同。这需要一边克隆一边变化颜色就可以了。我们点击调色板上的颜色时，程序需要记录所选的颜色对应的参数，然后通过一个变量传递给画布上的小方块，小方块被点击时，即可在红色方块造型的基础上进行颜色特效的设定，使其与调色盒所选颜色一致。

编程

第一步：绘制边框灰色，填充白色的小方块角色，同时复制 2 个造型后，调整填充为红色的造型和黑色的造型。

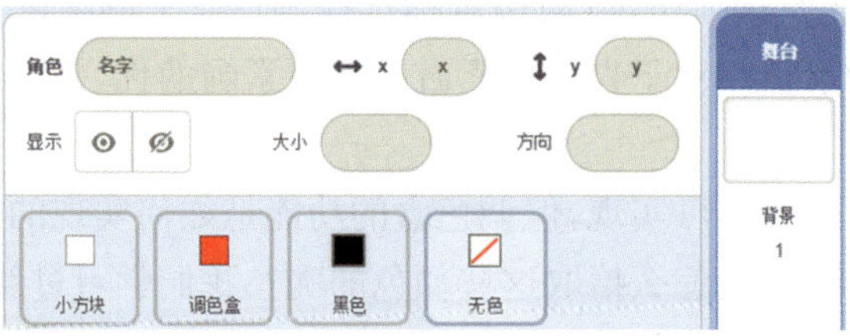

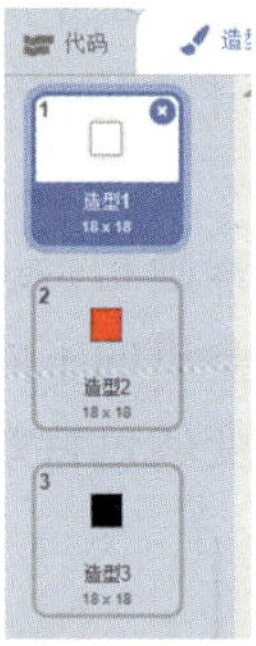

第二步：利用双层循环嵌套绘制像素画布，这里以 16 乘以 16 为例。注意设定起始位置，还有循环内 x 坐标和 y 坐标的变化。说一说为什么？

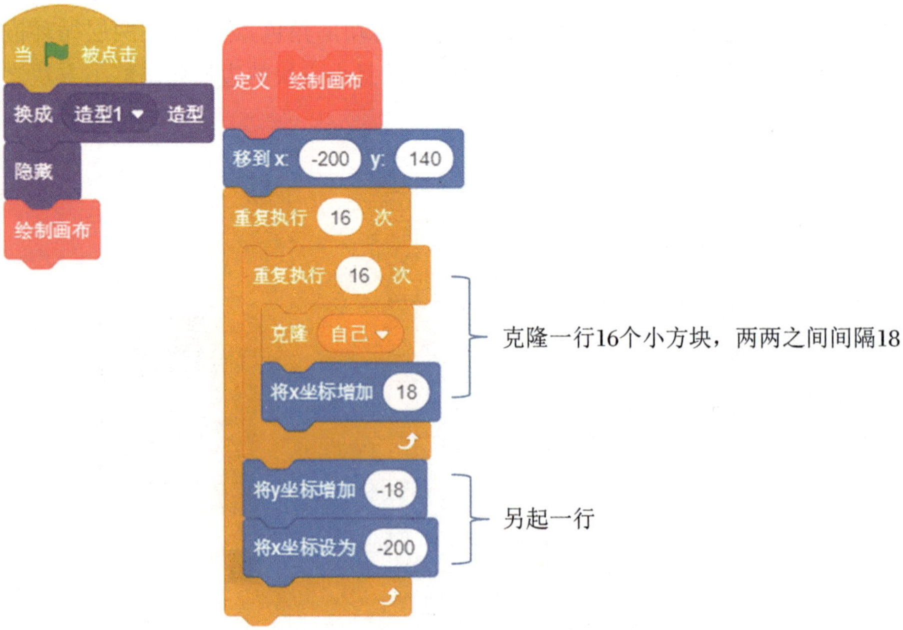

第三步：利用相同的方法在画布的右上侧绘制 6 乘以 5 的矩阵作为调色盒。怎么实现

调色盒的颜色渐变呢？又如何保存每一个色块的颜色值呢？

这里我们需要新建几个变量：

颜色——控制调色盒的颜色渐变特效。

我的颜色 ——私有变量，每一个颜色块对应的颜色值。

选中的颜色——全局变量，将我的颜色赋值给选中的颜色传递到画布上。

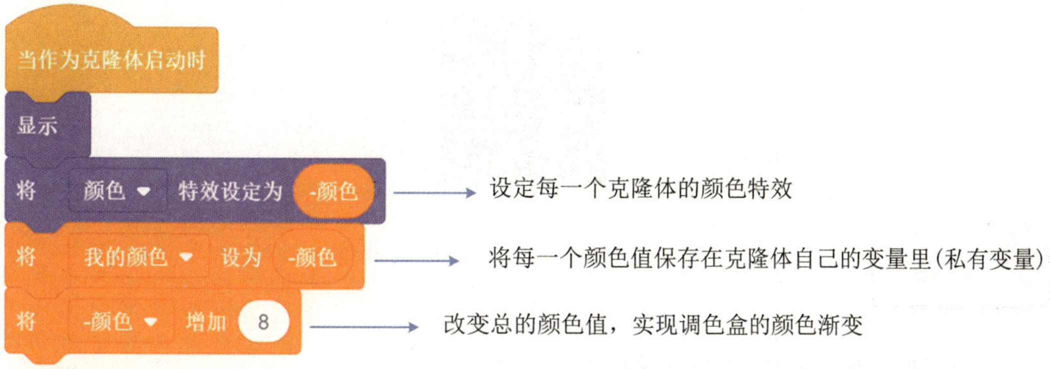

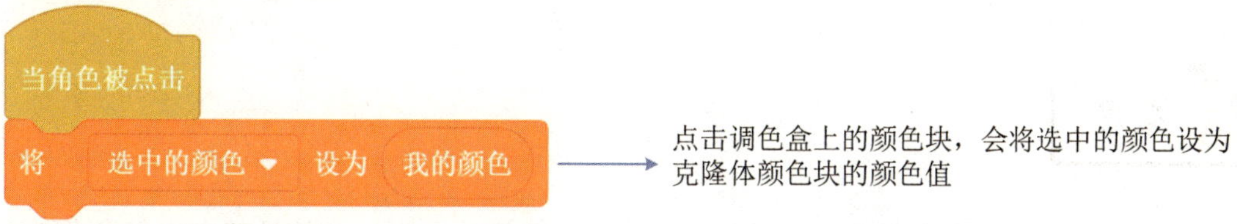

第四步：通过设定特殊颜色值来实现黑色填充和无色填充的功能。

例如点击黑色颜色块的按钮，将选中的颜色设为－1。点击无色填充的按钮，将选中的颜色设为－2。我们在根据选中的颜色对应的不同参数来执行不同的颜色效果。

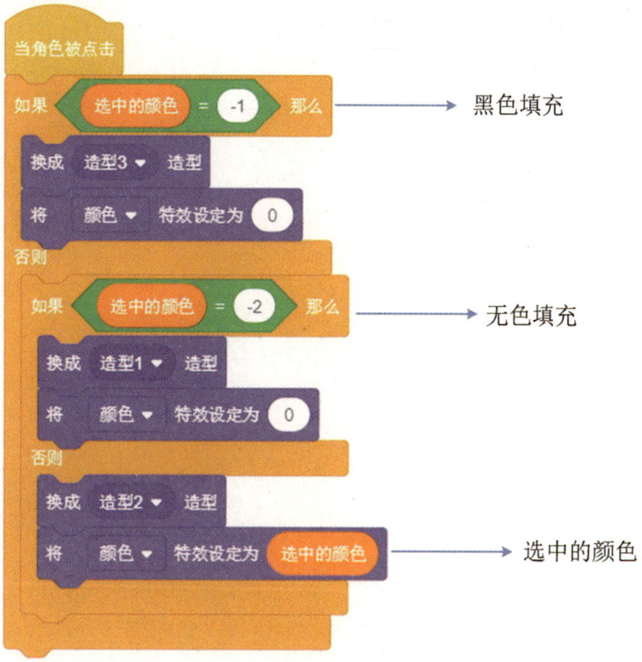

体验

扫一扫:扫描下方二维码体验程序。

拓展

根据需要给像素画板添加其他的功能。

反思

本项目重点学习私有变量的应用和画笔的颜色特效的运用。尤其是其中以红色作为基色,通过全局变量和私有变量的交替变化和设定,对于初学者来说不太容易弄懂,需要加深理解。

第4章　创意游戏

项目1　小猫捉老鼠

情境

“中华田园猫”是对中国本土家猫类的统称。其中又有狸花猫、橘猫（黄狸）、四川简州猫（四耳猫）、三花猫、白猫、黑猫（玄猫），黑白花猫、黄猫、山东狮子猫等多个品种。其中以狸花猫和橘猫最常见（但灰色狸花猫较为鲜见），橘猫体型最易发胖，而纯白长毛异色眼的山东狮子猫尤为稀有和珍贵。

鼠，哺乳动物，大约有500余种，存在历史已达上千年。分布在世界各地，有田鼠、冠鼠、仓鼠、竹鼠等。家鼠属于有害动物，因而经常遭受人类打击。鼠字头顶着一个“臼”，即意为“屡遭打击，总是击而不破，打而不尽”。

探究

既然是鼠标控制老鼠，那么老鼠是跟随谁一起移动呢？猫又面向谁移动呢？

程序功能：鼠标控制老鼠躲避猫的追击。

编程

添加角色猫（Cat）和老鼠（Mouse），首先思考的是我们需要控制老鼠，猫再来追逐老鼠实现功能。这里的程序老鼠自动移动，我们来控制老鼠的方向。猫也是自动移动，面向老鼠方向移动。

建模

第一步：在角色库中选择两个角色：Mouse1、Cat2。

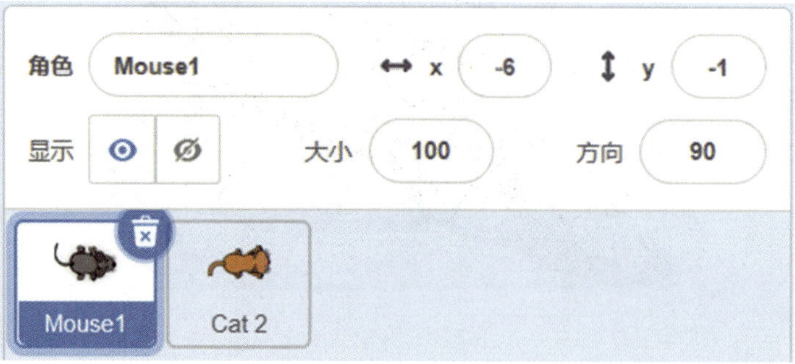

第二步：在背景库中选择一个背景：Stripes。

第三步：给老鼠写脚本：控制老鼠跟随鼠标移动。

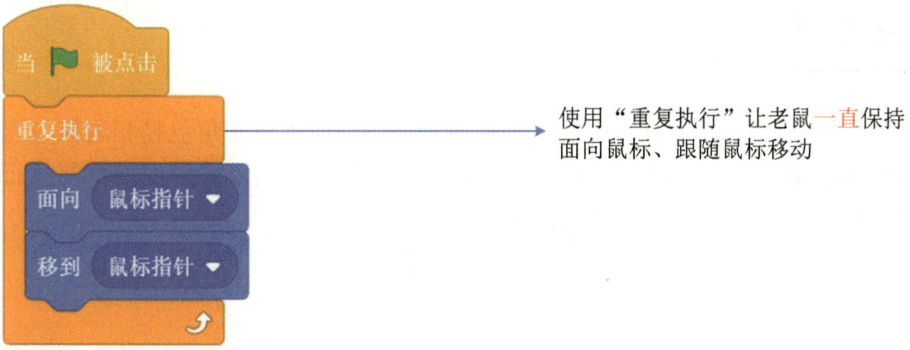

第四步：给猫写脚本：猫不停地追逐老鼠（可以看到猫追逐的过程）

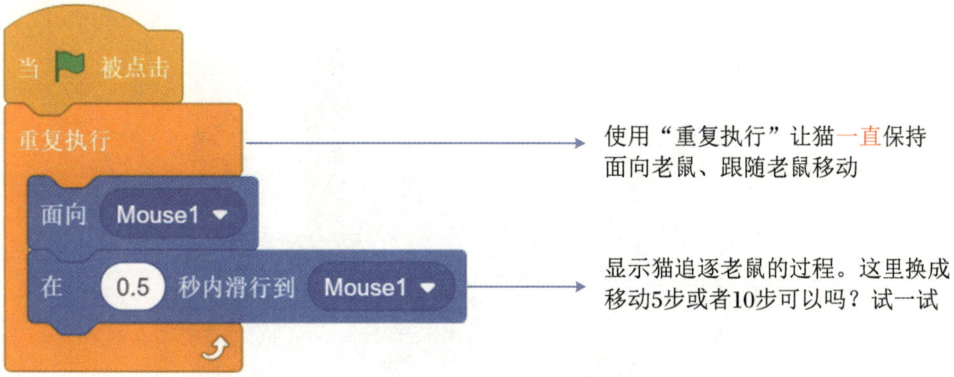

提示 在有多个角色的程序里，我们在给不同角色编写脚本的时候，需要注意当前编写脚本的对象是哪个角色，否则会出现张冠李戴的情况。在脚本区的右上角显示当前角色的图标。

体验

扫一扫：扫描下方二维码体验程序。

拓展

还有没有其他的办法可以控制猫的移动，让它边走边叫呢？

反思

猫移动是用到Scratch软件中的蓝色模块——运动。要想使角色猫和老鼠一直不断重复性地运动，这就需要和深橙色模块-控制组合使用，其中用到最多的便是重复执行。同学们能不能添加新的角色实现与猫和老鼠的互动呢？

项目2　飞翔的小猫咪

情境

飞翔一直是人类的梦想，你知道人类第一次实现"飞起来"是什么时候吗？

1903年12月17日这一天，美国莱特兄弟发明了人类历史上第一个具有行进动力的飞行器(这时还不能叫飞机)。

飞行器没有起落架和机轮，只有滑撬。起飞时装在滑轨上，用带轮子的小车拉动辅助弹射起飞。它首次试飞滞留空中的时间只有短短的12秒，飞行距离只有36米，但它却是人类历史上第一次有动力、载人、可操纵的空气飞行器的首次成功升空并飞行。其中的意义就好比是登月的那句话，人类的一小步，世界的一大步。

探究

游戏如何控制小猫上下移动，柱子如何不断地出现，然后会从右向左移动呢？游戏什么时候会结束?

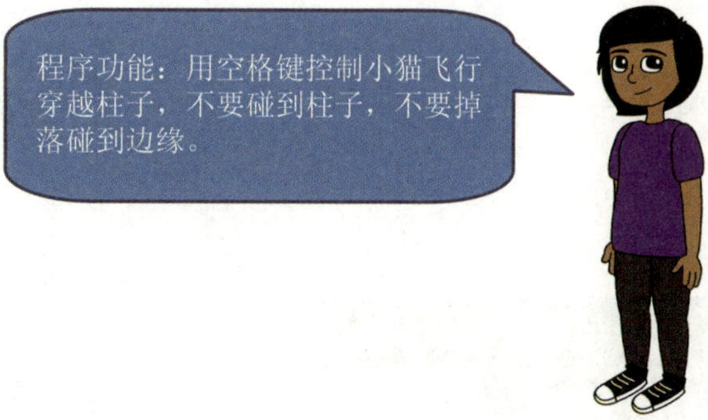

建模

建立变量“时间”来记录游戏时长，按下空格键小猫就会上升，否则就一直下降，如果小猫碰到柱子，游戏就结束了。

编程

第一步：添加角色——飞翔的小猫(Cat Flying)、柱子、背景。其中柱子和背景是我们绘制的。给小猫添加一个碰到柱子受伤的造型。尝试如何绘制角色吧！

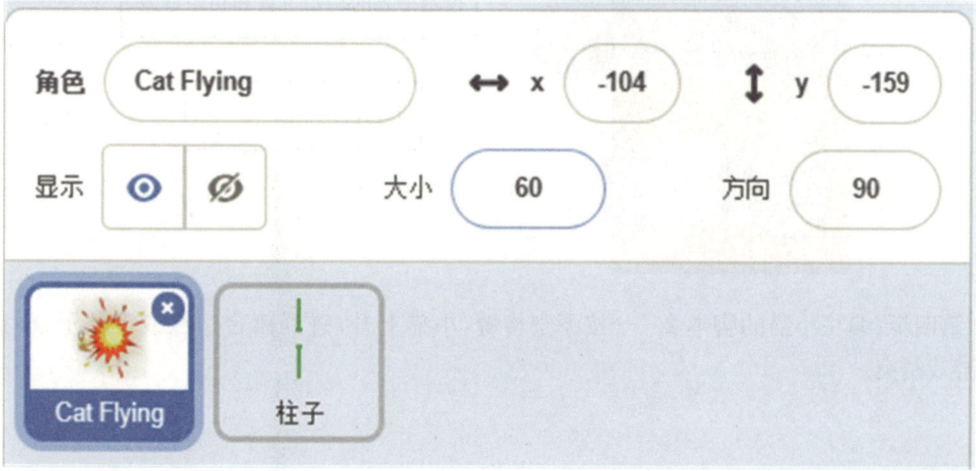

第二步：编写柱子的脚本。柱子从舞台的右侧上下随机位置出现，移动到最左侧后再一次回到最右侧的上下随机位置。(这里我们没有用到克隆哦！)也就是说舞台上只会同时出现一根柱子。这样游戏的难度不会太大。

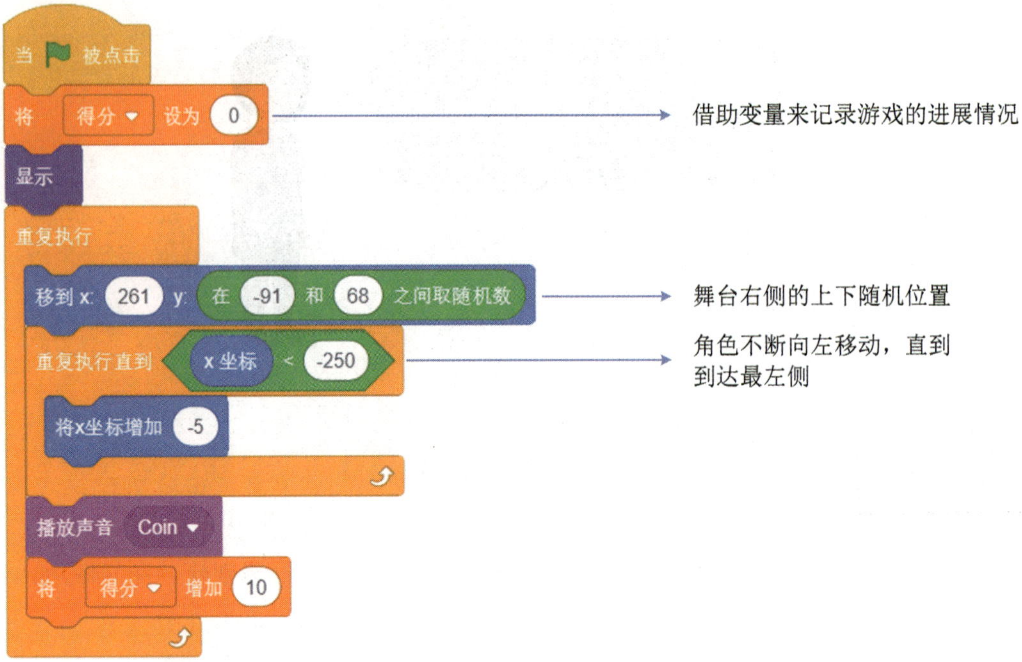

第三步：编写小猫的脚本1——游戏开始，小猫位置自行下降。

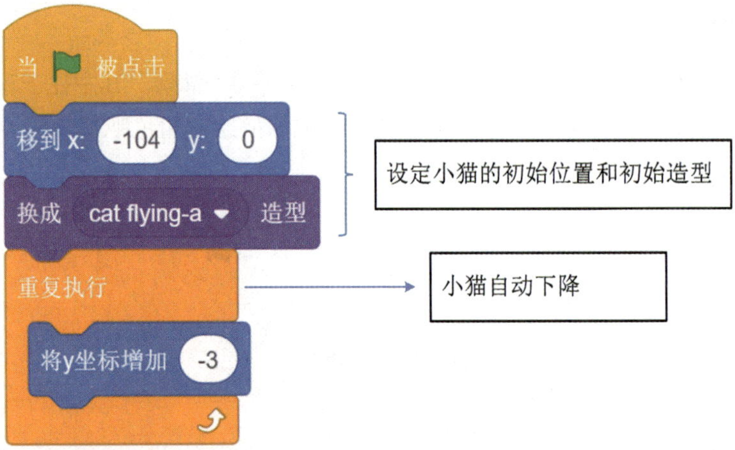

第四步：编写小猫的脚本2——按下空格键，小猫上升，碰到舞台边缘或者柱子，小猫受伤，游戏结束。

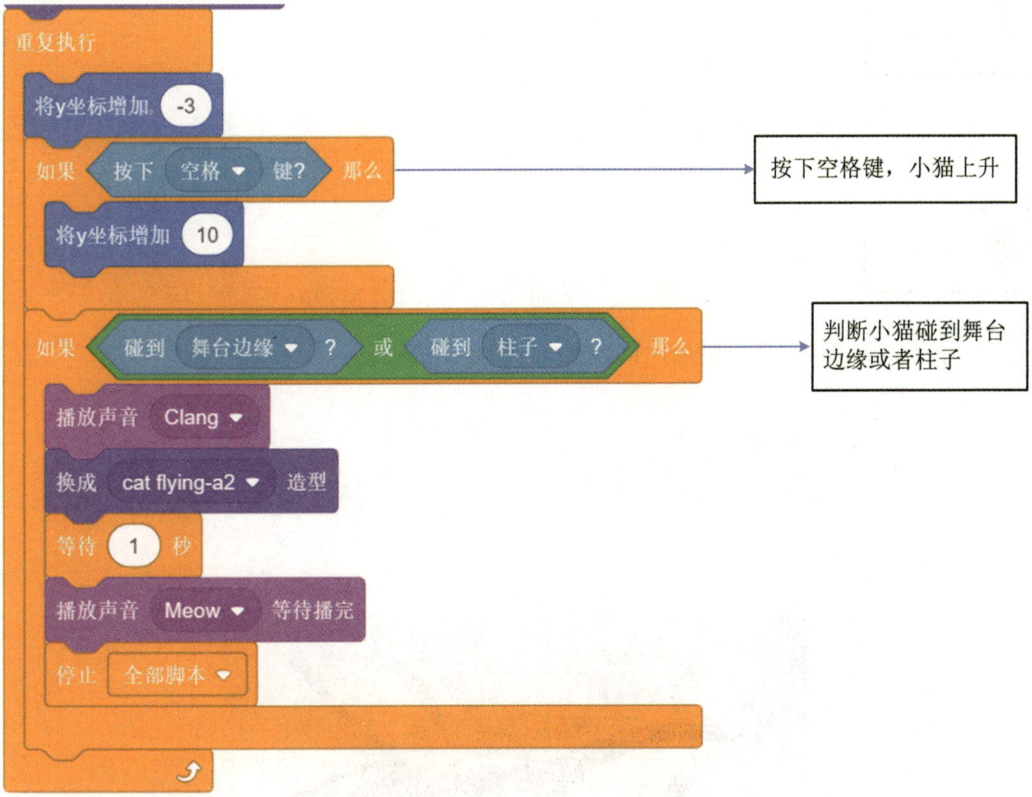

第五步：给游戏添加个性化的背景音乐和游戏特效声音吧！

体验

扫一扫：扫描下方二维码体验程序。

拓展

利用克隆让柱子的数量更多。

反思

如何让柱子的移动速度随着时间增加，也逐渐变快呢？

项目3 疯狂小甲虫

情境

甲虫，鞘翅目昆虫的统称，属有翅亚纲、全变态类。身体外部有硬壳，前翅是角质，厚而硬，后翅是膜质，如金龟子、天牛、象鼻虫等。多数种类为世界性分布，该目中许多种类是农林作物重要害虫，与人类的经济利益关系十分密切。甲虫是在恐龙时代之前就有的一种昆虫。那时的甲虫体长3～4米，至于甲虫这种生物诞生了多少年和它们为什么变小，至今仍然是一个谜。

探究

这里使用上下左右4个按键，来操纵甲虫移动，上对应Scratch中0方向，下对应Scratch中180方向，左对应Scratch中－90方向，右对应Scratch中90方向。

程序功能：使用上下左右键控制小甲虫走出迷宫，找到礼物。

建模

第一步：绘制的角色有“同心圆迷宫”。

那么如何绘制同心圆的角色呢？

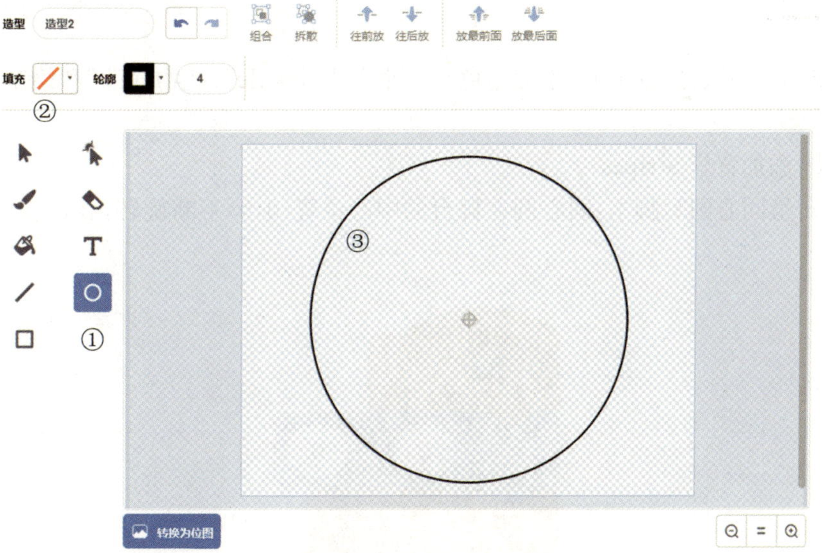

① 点击绘制角色按钮，选择绘制圆形的工具。

② 点击填充，选择无填充。

③ 按住键盘上的 shift 键，在画布上画一个大的正圆，然后拖动圆形，使得圆心与画布的中心重合(即设定造型中心)。

④ 按照同样的方法绘制一个较小的正圆。注意调整内外圆的大小，使得中间的通道可以容纳小甲虫角色。

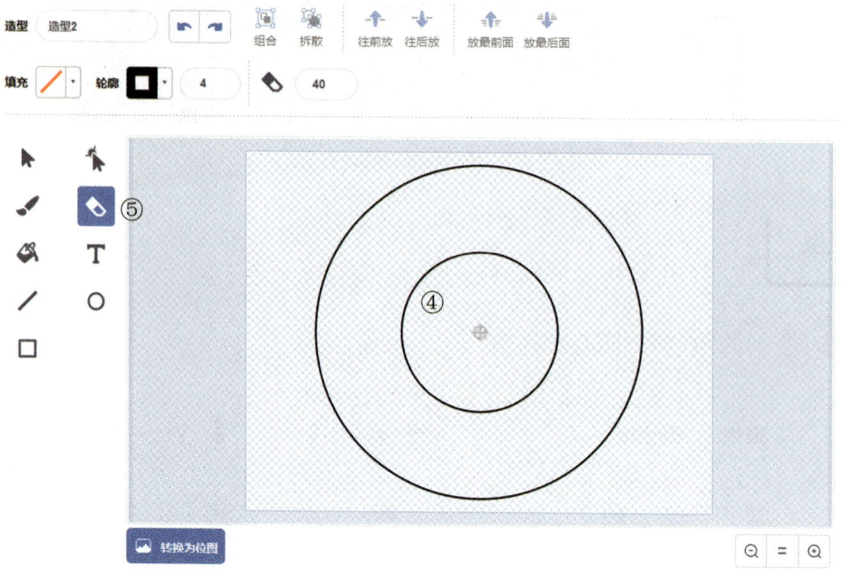

⑤ 使用橡皮工具，分别擦除内圆的左边小部分和外圆的右边小部分（内外擦除相对两侧的一小部分）。

编程

第一步：删除默认角色小猫，添加角色——小甲虫“beetle”、礼物“gift”和绘制的角色“同心圆迷宫”。

第二步：添加背景 Stripes。

第三步：给同心圆写脚本：同心圆在舞台的中心位置(0,0)不断旋转，我们将旋转速度设为 2 度。

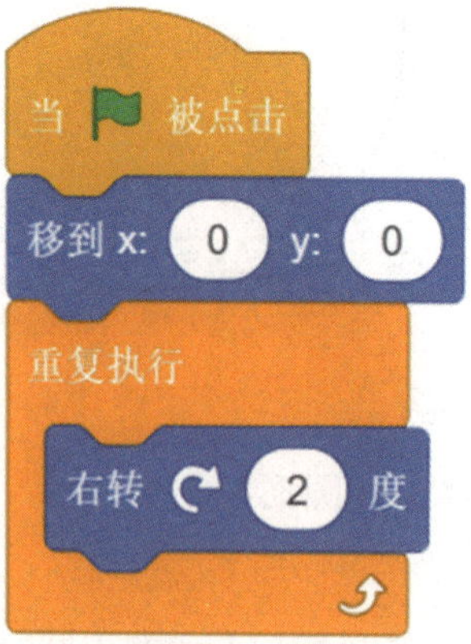

第四步：给小甲虫写第一部分脚本：用上下左右键控制小甲虫面向上下左右四个不同方向移动。例如，按下方向键“上”，小甲虫面向上方移动 5 步。

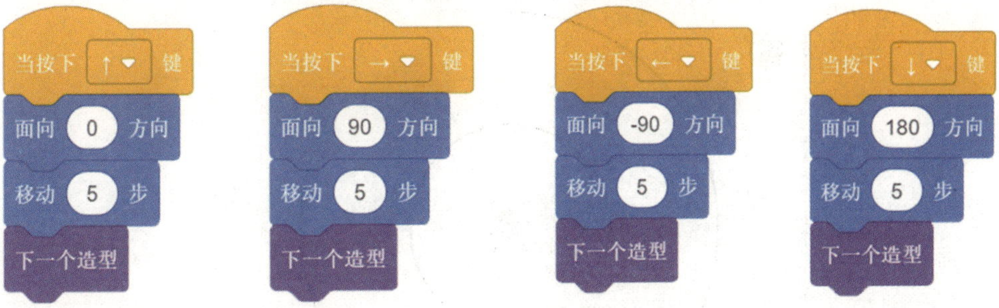

第五步：给小甲虫写第二部分脚本。设定小甲虫初始位置在舞台中心，借助控制模块里的条件判断指令和循环指令（下一节将会详细介绍），实现小甲虫碰到迷宫会被弹回舞台中心，碰到礼物结束程序。

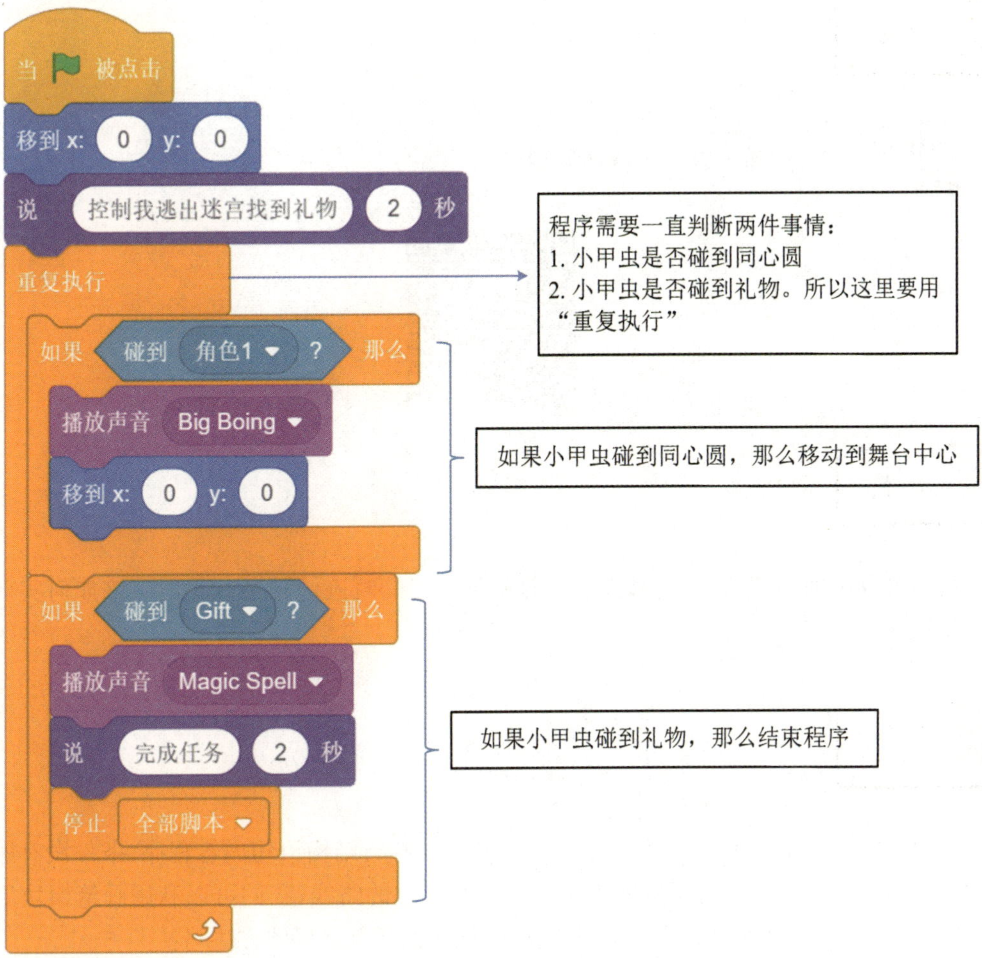

第六步：运行程序，测试一下程序是否符合要求。

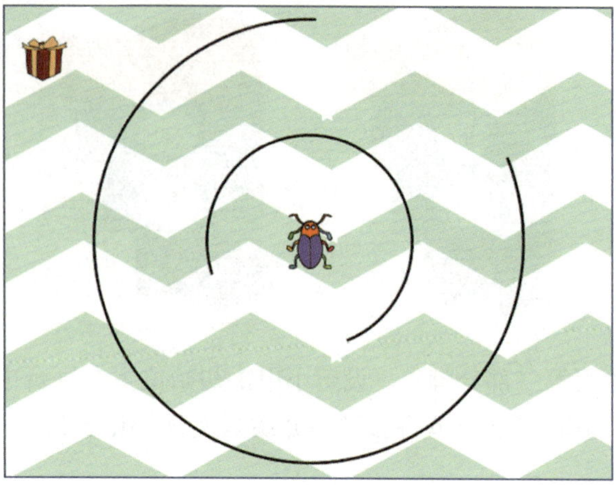

体验

扫一扫:扫描下方二维码体验程序。

拓展

我们可以添加画笔功能,让瓢虫移动时留下自己的轨迹,同学们,我们应该如何实现这样的功能呢?

反思

“如果”“那么”是一种假设性用法,当条件成立时执行结构语句内容程序,条件没有触发时则不会执行内部程序。为了使瓢虫不经过自己走过的路线,我们可以利用画笔模块增加留下轨迹的功能,若碰到轨迹颜色则终止程序,同学们还有更好的方法吗?

项目4 打 地 鼠

情境

地鼠(又名仓鼠),属哺乳纲,啮齿目,仓鼠科,帛鼠亚科。分布于亚洲和欧洲大陆的广大温带地区。它是由野生动物驯养后进入实验室的动物,用于实验研究的有 8 种,作为实验动物的主要有两种:金黄地鼠(golden hamster, mesocricetus auratus)和中国地鼠(Chinese hamster, cricetulus griseus)。地鼠体长 16～19 cm,尾巴短,耳色深,眼小而亮,黑眼球,被毛柔软。中国地鼠灰色,个体小,体长约 10 cm,背部中心有黑色条纹。

探究

地洞会有 9 个,利用随机数规定范围是 1～9,地鼠每次从任意一个地洞随机出现,锤子会跟随鼠标移动,按下鼠标就判断是否打中地鼠,打中地鼠加分,制定游戏时间,时间到了游戏结束。

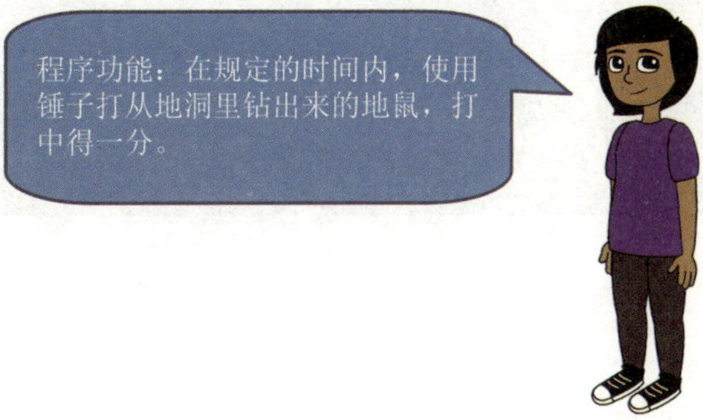

建模

地鼠随机位置出现：建立变量，将其设为1～9之间的随机数，判断这个变量等于不同数字将其定位到对应的地洞。

判断地鼠是否被打中：按下鼠标同时碰到锤子。

游戏倒计时：建立变量时间，从30开始倒计时。

锤子：一直跟随鼠标移动，按下鼠标就换成第二个造型，否则换成第一个造型。

编程

第一步：添加角色——锤子、地鼠。锤子有两个造型：锤子举起和锤子落下。

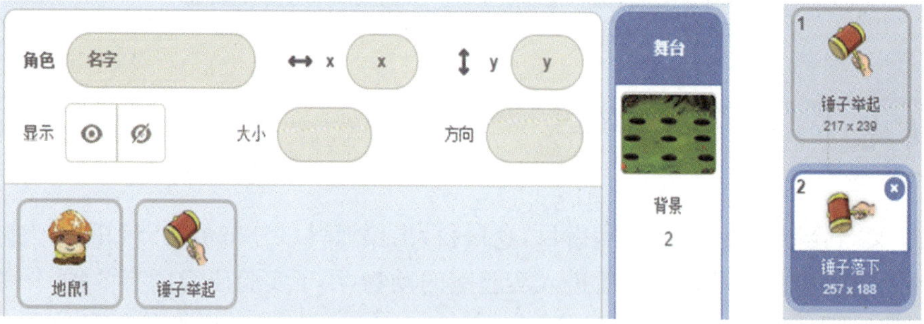

第二步：实现地鼠从不同地洞里随机钻出来。我们需要把每一个地洞的位置用坐标表示出来，然后用随机数来实现。

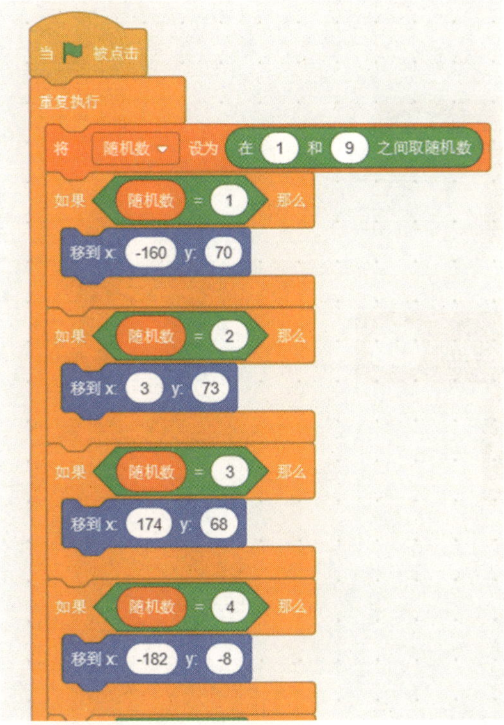

第三步:锤子的脚本。锤子一直跟随鼠标移动,如果按下鼠标指针,锤子切换为锤子落下的造型,否则锤子保持举起的造型。

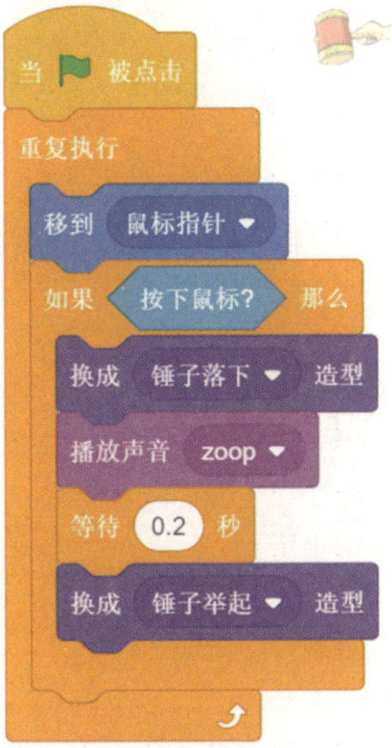

锤子的脚本

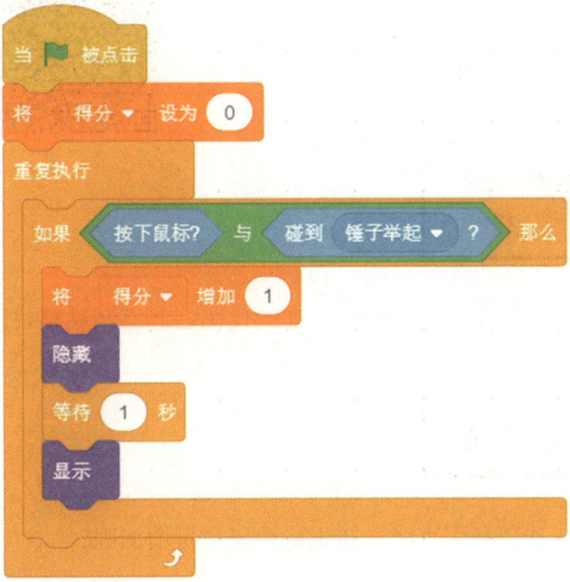

地鼠被击中的脚本

第四步:判断地鼠被击中的脚本:地鼠被击中后隐藏,等1秒后再显示。地鼠被打中需同时满足两个条件:1. 按下鼠标;2. 地鼠碰到锤子。

第五步:设定计时器,实现倒计时的功能。

体验

扫一扫:扫描下方二维码体验程序。

拓展

将完成了程序的地鼠连同代码一起复制粘贴,让地鼠数量更多。

反思

如何利用克隆的知识将地鼠数量增加呢?

项目 5 迷宫小游戏

情境

在世界各地真实存在着的几个有趣的迷宫：

1. 长叶树篱迷宫：创建于 1975 年，长 2 千米，高约 3 米，是世界上最长的迷宫。游客从入口到达出口大约需要一个半小时，走出迷宫以后就可以观赏到美丽的全景了。

2. 和平迷宫：这座位于卡斯尔韦伦公园内的迷宫的建立，是为了纪念北爱尔兰的和平。它由 2000 年底种植的 6000 棵树组成，高只有 1.5 米。它目前是世界上第二长的迷宫。

3. 雅思迷宫：是澳大利亚最古老和最著名的迷宫，已有 40 多年的历史。种有超过 1000 棵的柏树，树篱厚度至少 2 米，它们始终保持着绿色。随着岁月的流逝，柏树已经长大，走廊也变得越来越窄。这个迷宫的有趣之处在于，你需要在两个部分中寻找四面旗帜，而前半部分获取的旗帜的技巧通常对第二部分没有帮助。

探究

游戏中如何控制角色移动？
碰到墙壁怎么防止穿墙而过呢？

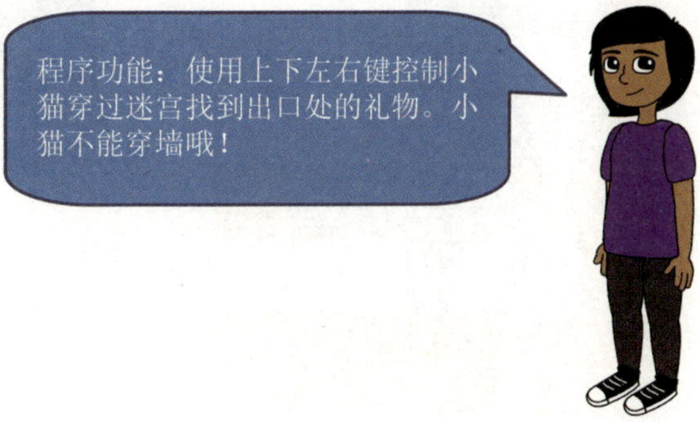

建模

上下左右控制移动，需要注意的是使用方向+移动而不是直接改变坐标，判断碰到墙壁就移动一个负数步数，这样就可以防止穿墙了。

编程

第一步：添加角色小猫、礼物，上传角色迷宫。迷宫的角色和造型我们可以通过网站搜索下载。

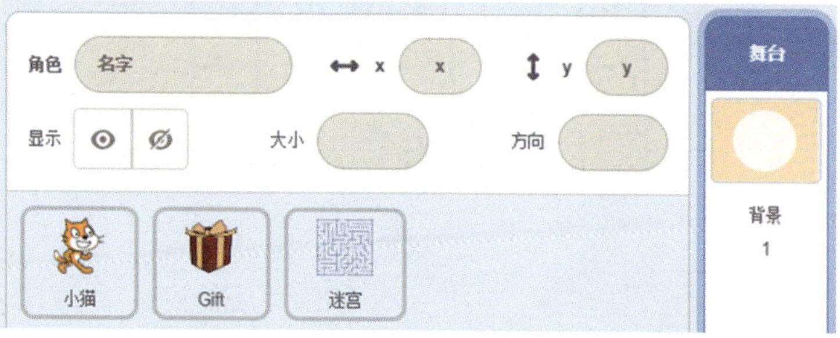

需要注意的是，迷宫的角色中间的过道是空心的，不是实心的哦！

第二步：设定3个角色大小和初始位置；迷宫在舞台的中心；小猫和礼物分别在迷宫的入口和出口处。要保证小猫比迷宫的通道要小，这样小猫才能在迷宫里面畅通移动。

第三步：实现用上下左右键控制小猫在迷宫中移动，但不能穿墙。

通过之前的尝试，我们利用效率更高的循环和条件判断来结合实现这个功能，这种方式能让我们控制小猫更顺畅。快试试吧！

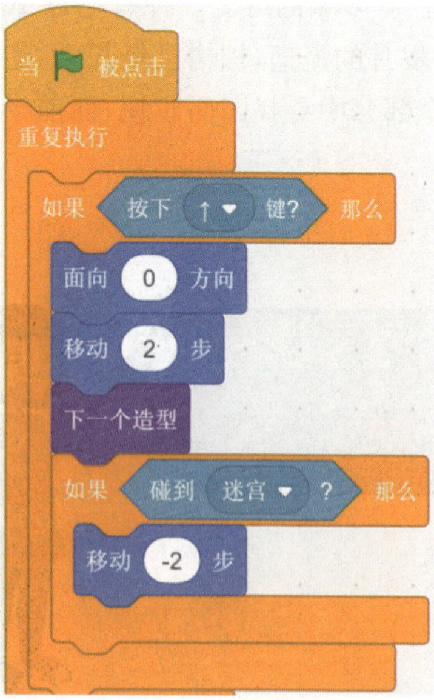

第四步：判断小猫到达出口，顺利找到礼物的脚本。

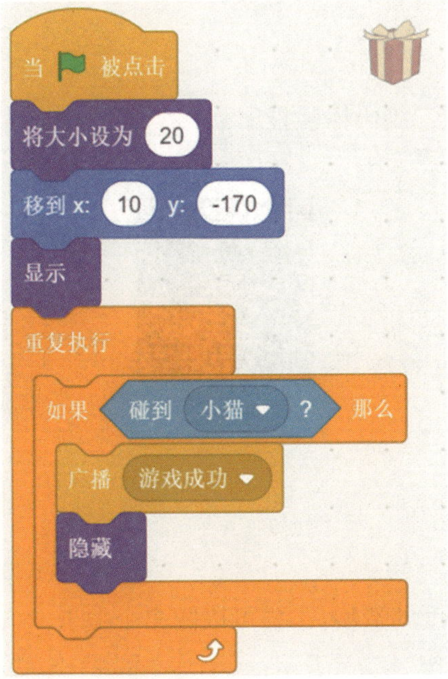

这一段代码我们可以放在礼物的脚本区，也可以给小猫写脚本判断是否碰到礼物。

第五步：给小猫添加画笔的脚本：实现小猫移动，留下移动痕迹的功能，让我们更清晰地看到迷宫的路线。

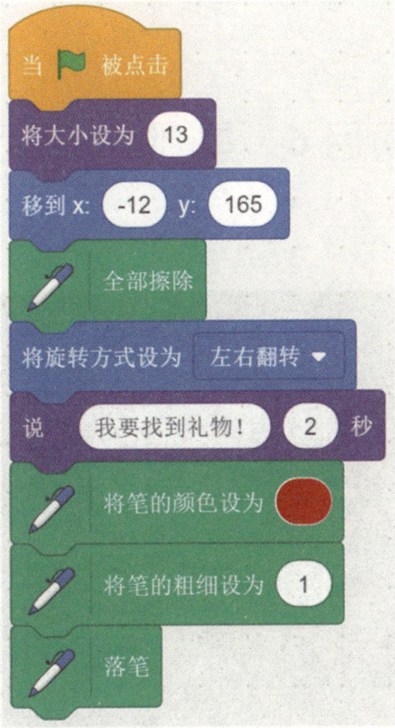

体验

扫一扫:扫描下方二维码体验程序。

拓展

尝试给迷宫添加不同难度的造型,小猫可以闯多个关卡。

反思

可不可以在迷宫中加入一些障碍呢?

项目6 星际旅行

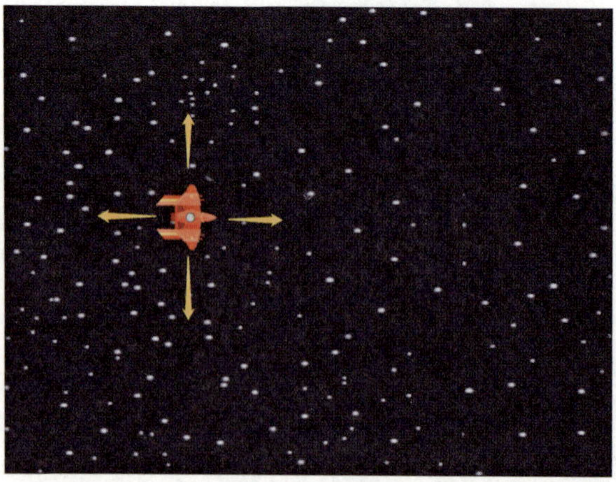

情境

在茫茫的宇宙中，人类究竟是不是唯一的生命体？宇宙是否真的有外星人？今天就让我们开着飞船进行星际旅行吧。

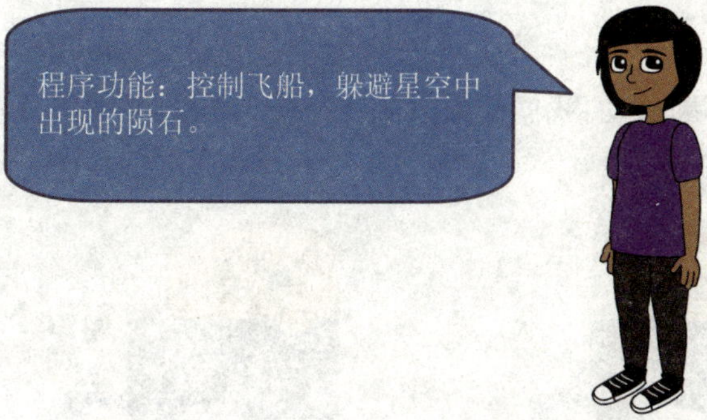

探究

陨石如何出现，飞船是怎么控制的？

建模

陨石会随机从舞台右侧的位置出现，上下左右键控制飞船移动。

编程

第一步：删除默认的小猫角色，添加角色：飞船、陨石（添加若干个不同的造型）、两张一模一样的星空图片作为角色。

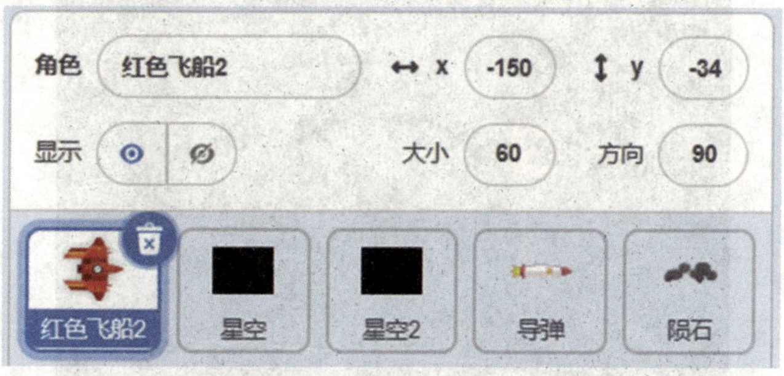

小技巧：这里的两张星空的图片来自于背景库，由于背景是无法移动的，那么如何把背景库中的图片转化为角色呢？我们通过造型的拖拽即可实现。

第二步：星空的不断移动：我们是通过两张一模一样的星空图片紧密衔接，来回循环移动来实现的。

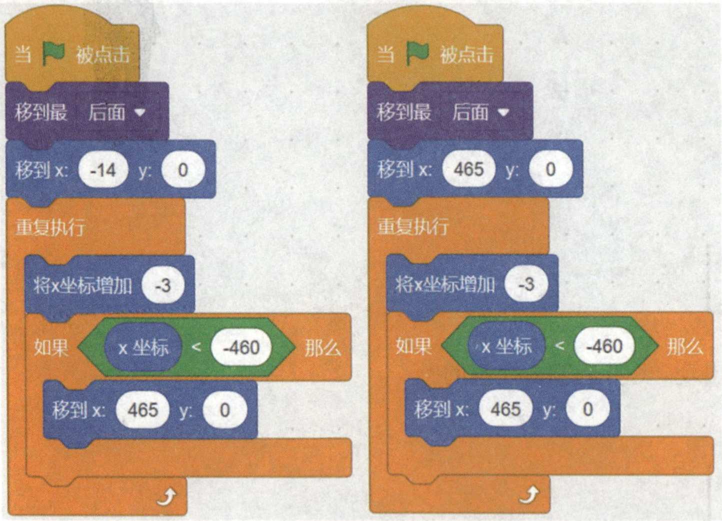

第三步：飞船脚本1——通过上下左右键控制飞船的移动，不按任何按键，飞船自行下沉。

我们在前面学习过用“事件”模块中的“当按下空格键”来启动脚本。不知道你有没有发现，在停止程序的情况下，当我们按下设定的按键时，它可以继续启动后面的指令。所以“当按下空格键”不受“停止程序”的影响。

那么除此之外，还有没有可以通过按键控制脚本的方法呢？我们可以使用循环与条件判断指令来实现这个功能。

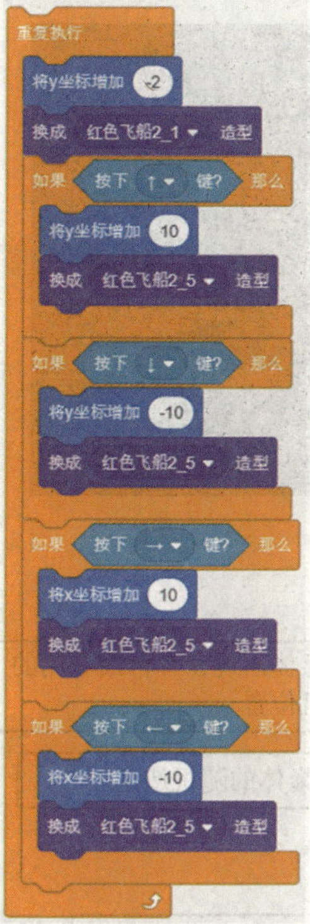

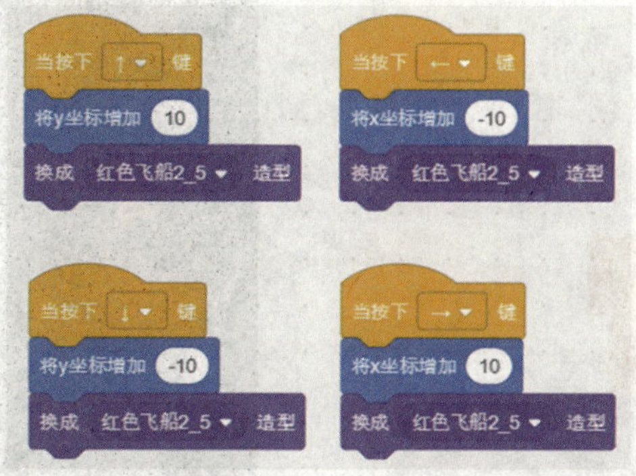

第四步：飞船脚本 2——判断飞船是否碰到陨石和舞台边缘。

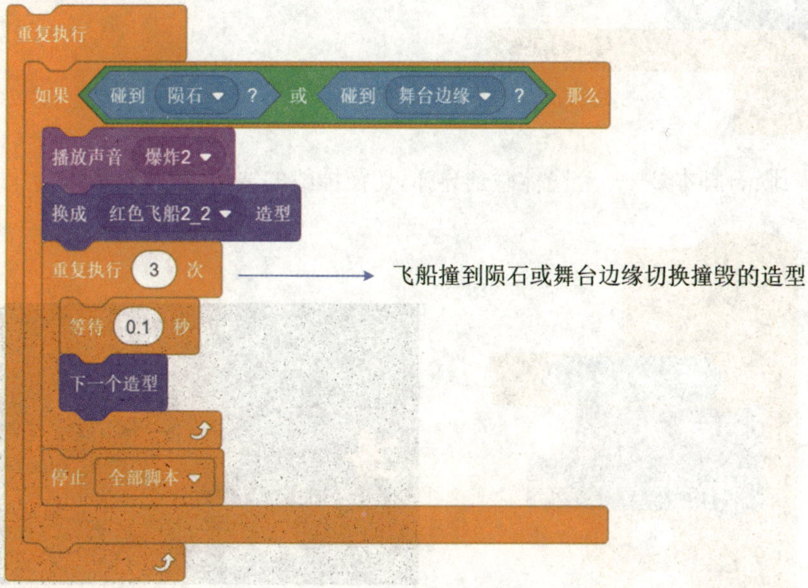

第五步：陨石脚本 1——克隆体从舞台右侧的随机位置出现，不断向左移动，到达最左侧后删除克隆体。

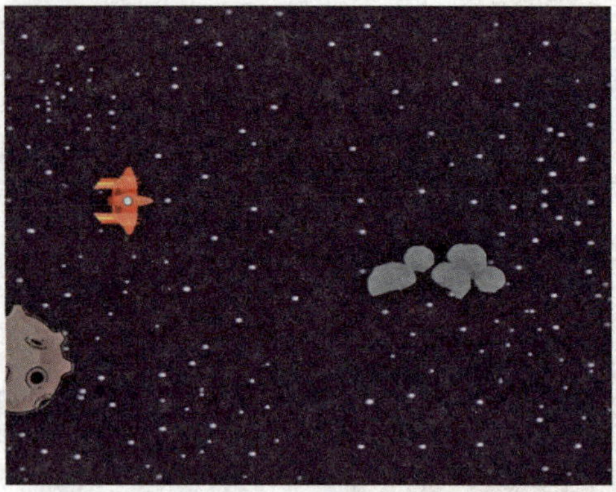

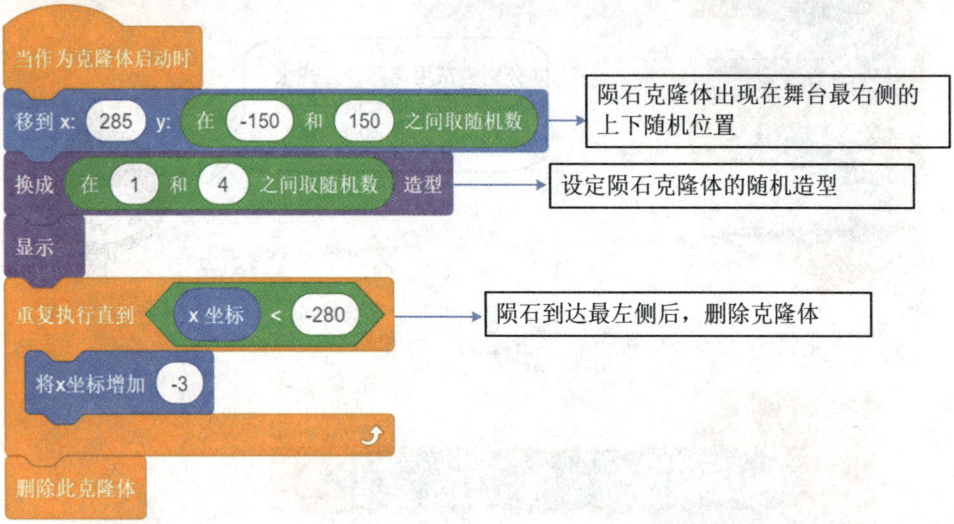

第六步：陨石脚本2——克隆体碰到导弹，切换摧毁的造型，删除克隆体。

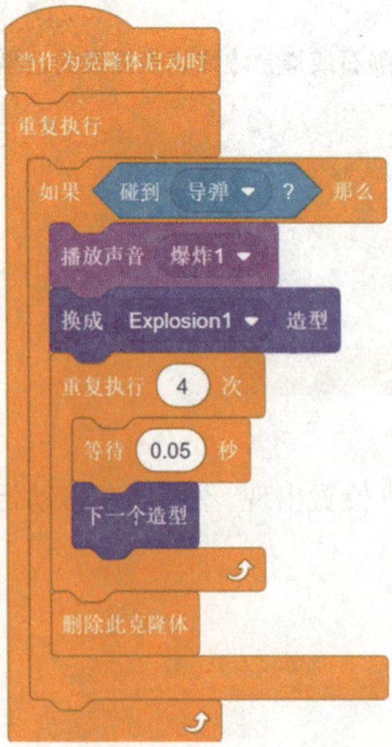

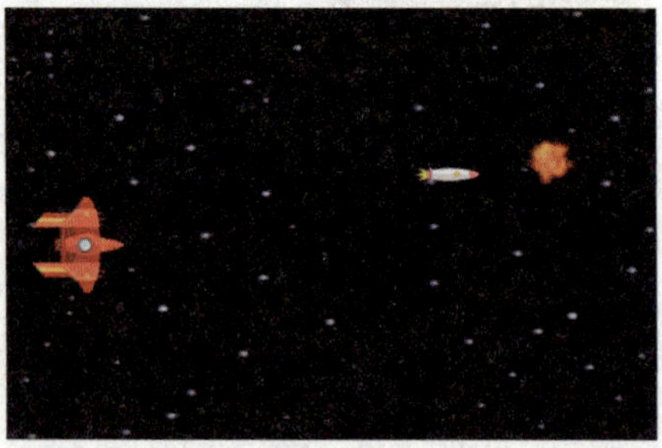

第七步：导弹的脚本。按下空格键，导弹从飞船身上向右发射出来，如果碰到飞船和舞台边缘，导弹消失。

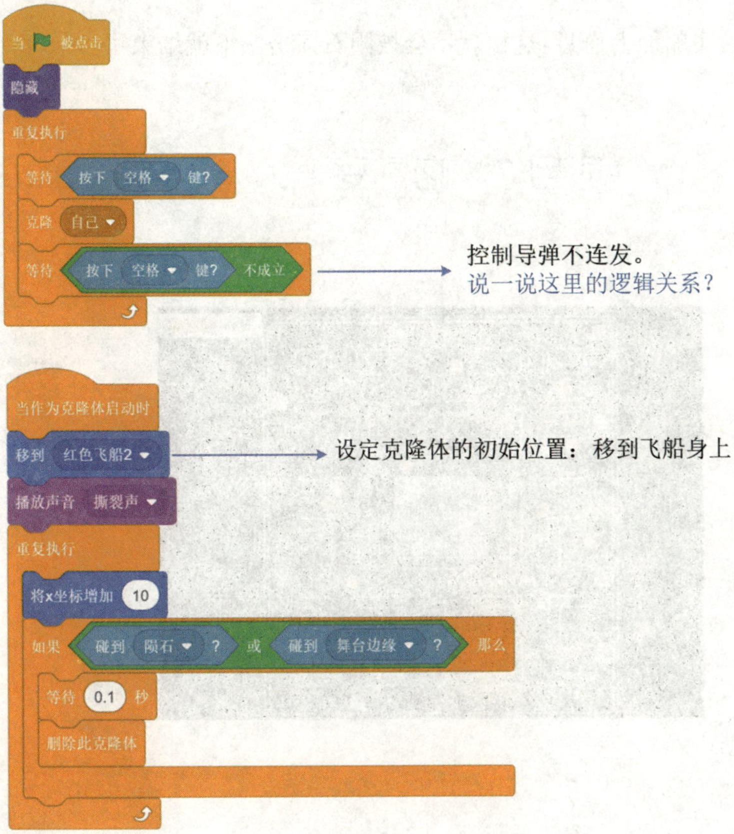

体验

扫一扫：扫描下方二维码体验程序。

拓展

尝试设定关卡，让陨石的速度更快。

反思

思考一下如何给飞船加上血量，这样就不会被陨石撞击一下就结束了。

项目7 吃 豆 人

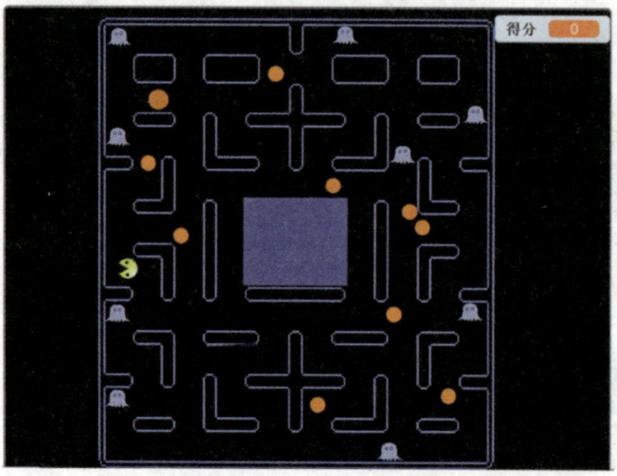

情境

吃豆人是一个非常有意思的游戏：在一个正方形的迷宫里，随机分布着10个豆子，豆子位于迷宫的通道内一闪一闪。同时，迷宫通道内游荡着10个小妖怪，它们到处乱跑。作为玩家，要控制吃豆人在不碰到小妖怪的情况下把迷宫内的豆子全部吃掉。

探究

这种控制类的小游戏在我们实际的编程过程中非常常见。但要增加游戏的趣味性和可玩性，还需要我们对游戏的数据进行合理科学地设定。在这个程序中，大概存在哪几个角色，每个角色实现的功能是什么？这是我们在编程前要好好思考的问题。

建模

在这个程序中，我们需要解决这样几个问题：

1. 绘制迷宫，迷宫的内部通道应该是透明的，所以我们在绘制的时候内部选择无色填充。

2. 实现豆子随机分布在迷宫通道内。我们可以设定初始位置范围在迷宫以内，也就是 x 坐标和 y 坐标的范围，我们可以通过将角色豆子放在迷宫的 4 个角的顶点来判断随机坐标的范围。

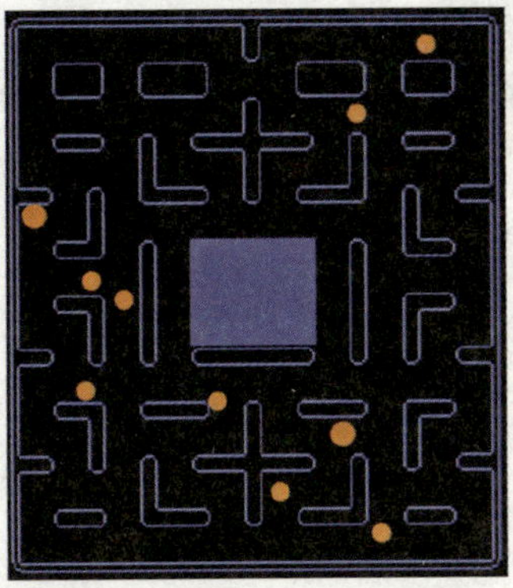
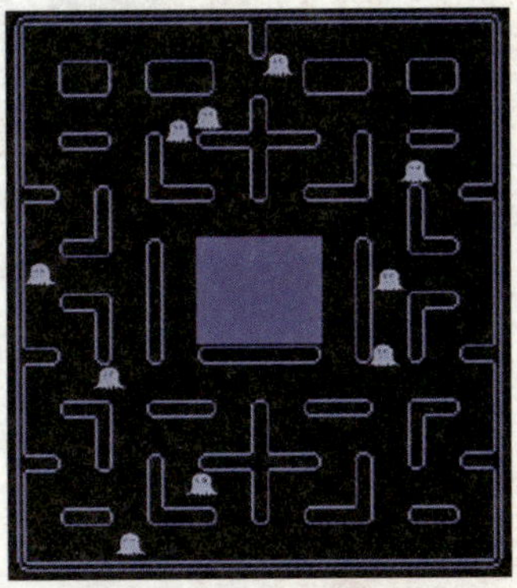

如果豆子出现在了迷宫的“墙壁上”怎么办呢？我们可以重复执行设定随机位置，直到所有的豆子都没碰到墙壁。

3. 小妖怪在迷宫通道内游荡，碰到迷宫的“墙壁”，小妖怪重新随机选择方向，保证小妖怪在移动的过程中不穿墙。如何实现随机选择上下左右 4 个方向呢？

4. 控制吃豆人不穿墙在迷宫内移动，实现吃掉豆子。如果被小妖怪碰到，程序结束。

编程

第一步：绘制“迷宫”角色，设定好初始位置在舞台中心。

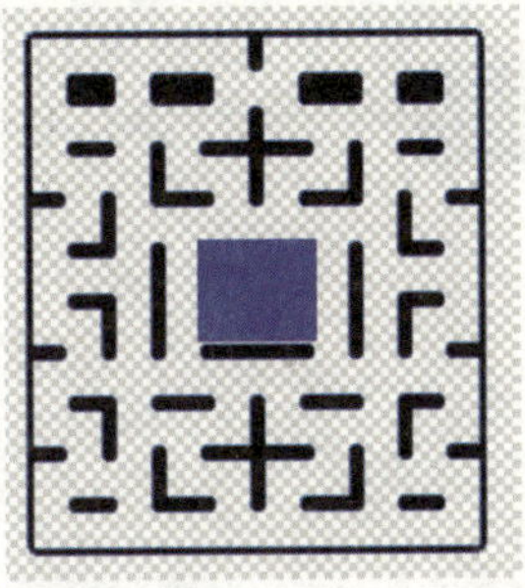

第二步：豆子的脚本。设定豆子在迷宫内的随机位置。同时侦测豆子被吃豆人吃完，游

戏胜利，程序结束！

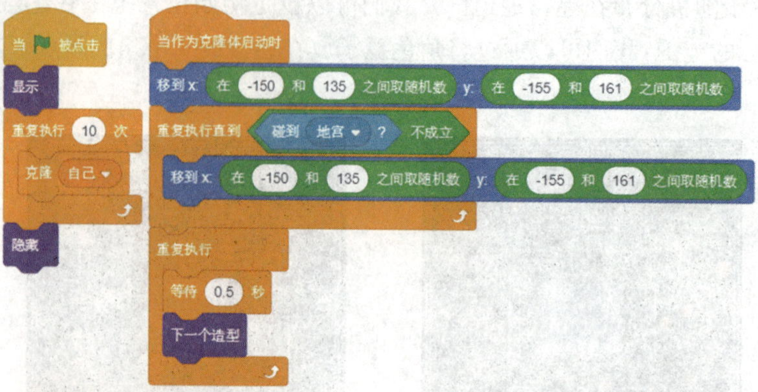

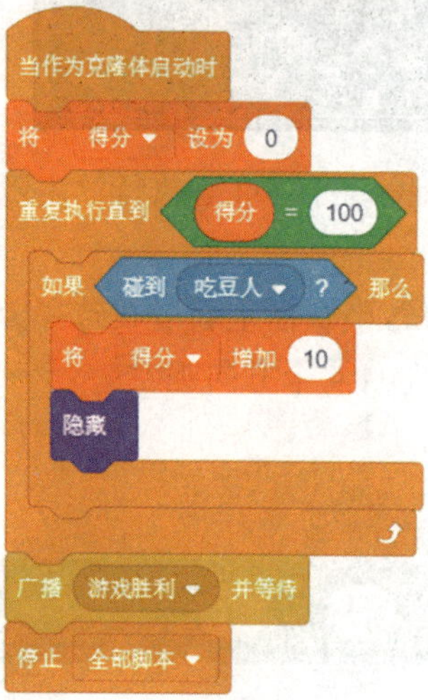

第三步：小怪物作为克隆体的脚本。

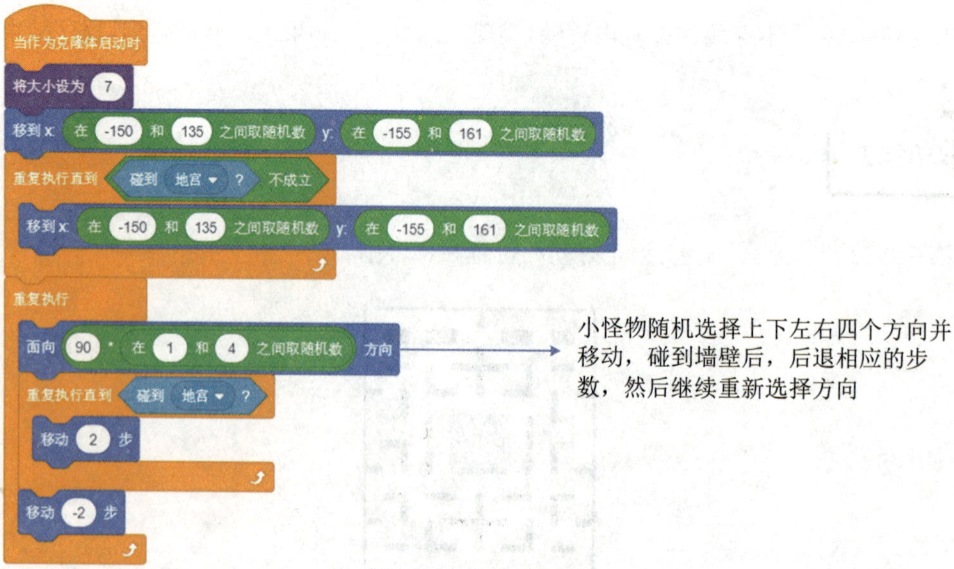

第四步：用上下左右键控制吃豆人不穿墙，并判断碰到小怪物的情况停止程序。

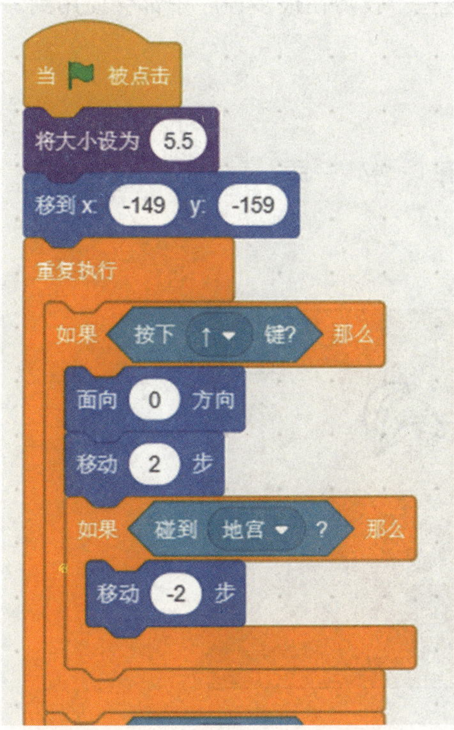

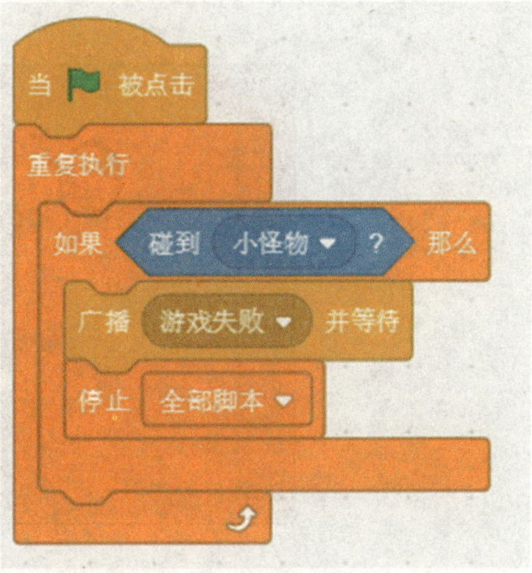

体验

扫一扫：扫描下方二维码体验程序。

拓展

如何将程序做得更加有趣，展开丰富的想象并实现它！

反思

这个程序中我们学习到如何通过坐标来控制角色出现的范围，例如限定豆子出现的位置在迷宫通道内。如何实现角色“不穿墙”。这些小技巧在很多程序中都会使用到。你掌握了吗?

项目8 切 水 果

情境

切水果是大家非常熟悉的一个小游戏。游戏规则是:在限定的时间内切掉舞台上出现的水果。每切掉一个水果,得分便会增加。需要注意的是出现在舞台上的也有可能是炸弹,玩家要避免切到炸弹,否则游戏结束。

探究

这个游戏中,我们需要解决3个主要的问题:

1. 各种水果从舞台下方飞上舞台;
2. 实现“切”的功能;
3. 计时和计分的功能。

建模

在这个程序中,因为舞台上会同时出现多个水果,所以会用到克隆的相关知识。水果是如何从舞台的下方出现并飞到舞台上的,每一个水果都有自己的位置和姿态。例如:高度不一样、出现的时候旋转的角度不一样、倾斜度不一样。我们如何实现这些克隆体的功能呢?

答案就是私有变量。当我们新建私有变量后，每一个克隆体在克隆的时候，私有变量也会被克隆，这是属于单个克隆体自己的变量属性。克隆体之间的私有变量互不影响。

程序中“切”的功能，我们使用鼠标指针即可实现，这里不再做详细的介绍。

编程

第一步：新建各种水果，并给水果添加“被切开”的造型。

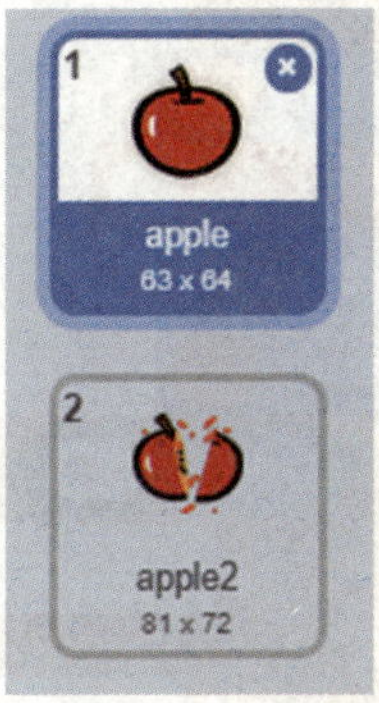

第二步：本体隐藏，设定初始造型为“完整的水果”，每隔一段随机时间，水果会克隆自己。

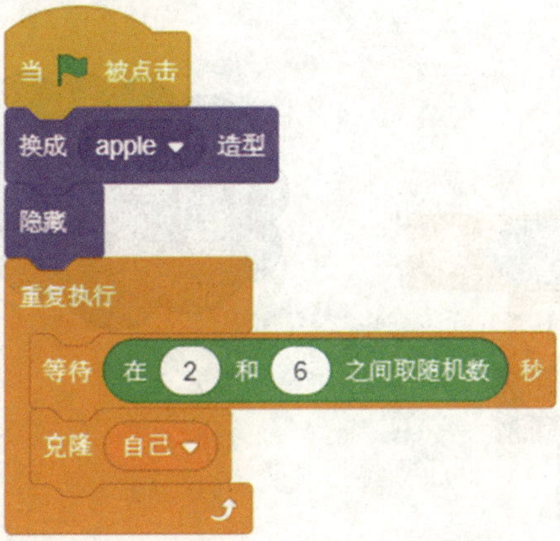

第三步：设定克隆体的初始位置，并设定它们在移动过程中私有变量参数的数值，以实现不同的姿态。

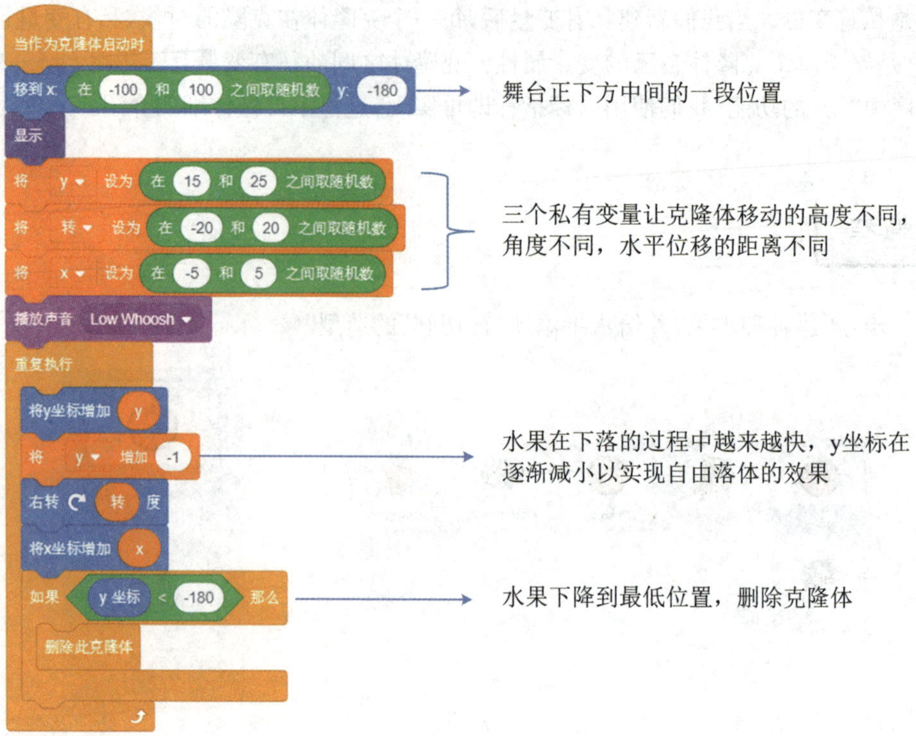

第四步：用鼠标指针实现“切的效果”，我们对水果克隆体进行侦测判断。同时对“炸弹”也进行侦测判断。水果碰到鼠标指针，切换“被切开的造型”。

体验

扫一扫:扫描下方二维码体验程序。

拓展

原版游戏中,水果被切开的时候会溅出果浆,你可以尝试实现这个效果吗?

反思

这个程序中,我们需要重点掌握的是利用私有变量控制克隆体的状态,使得克隆体之间互不影响,你学会了吗?

项目 9　小恐龙跑酷

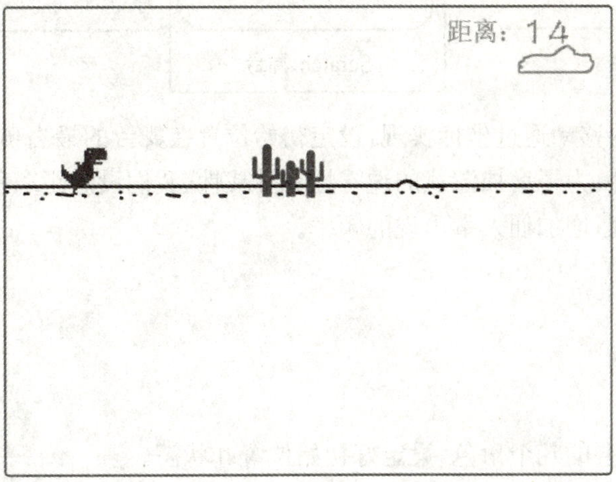

情境

你玩过谷歌网站的小恐龙游戏吗？在断网的状态下，打开谷歌浏览器，网站就会加载“小恐龙跑酷”的游戏。小恐龙在布满仙人掌的道路上不断往前跑，我们可以按下空格键，控制小恐龙跳跃，以此来躲避仙人掌。否则小恐龙碰到仙人掌就会摔倒，游戏结束。

探究

从程序中，我们可以看到，其实小恐龙的位置没有变，只不过是脚下的路在一直移动，所以我们首先要解决的是背景的连续滚动问题，其次需要解决仙人掌的出现并随着道路的移动而移动，最后需要实现小恐龙被仙人掌“绊倒”后结束程序。

建模

关于背景的连续滚动，我们利用两个相同的“道路”角色，可以通过条件循环和坐标的变化来实现，道路自右向左移动，坐标逐渐减小，到达最左侧时，移到最右侧，两个道路角色交替进行自右向左的运动。

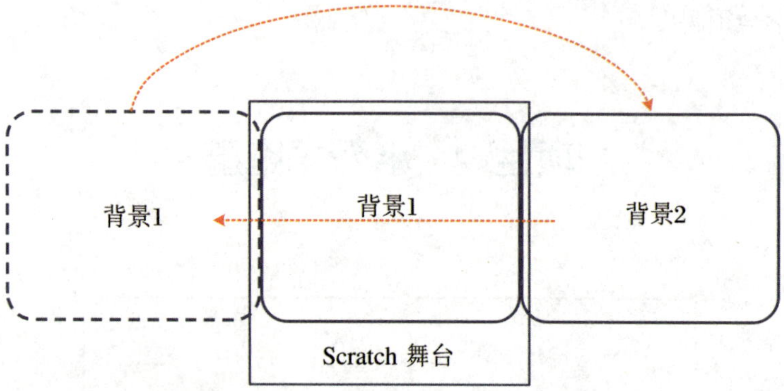

仙人掌克隆体的移动通过坐标实现，设定初始位置在舞台的最右侧，循环移动到最左侧后删除克隆体。另外，为了增加游戏的趣味性和挑战性，我们设定距离每超过100，就缩短仙人掌克隆的间隔时间，增加仙人掌出现的频率。

编程

第一步：添加需要的几个角色，设定好初始位置和状态。

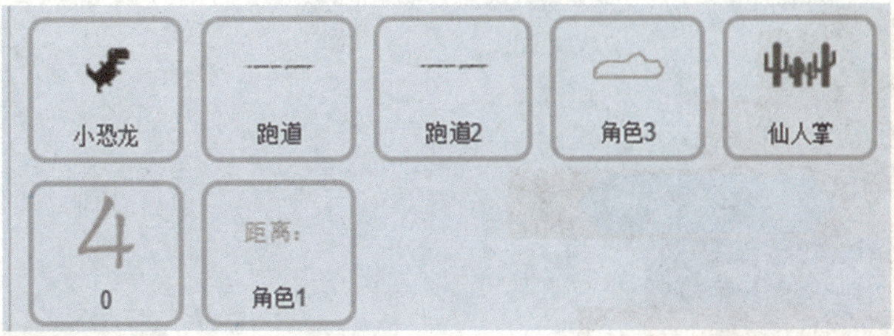

第二步:道路的脚本。一个道路在舞台中间,一个道路在最右侧。

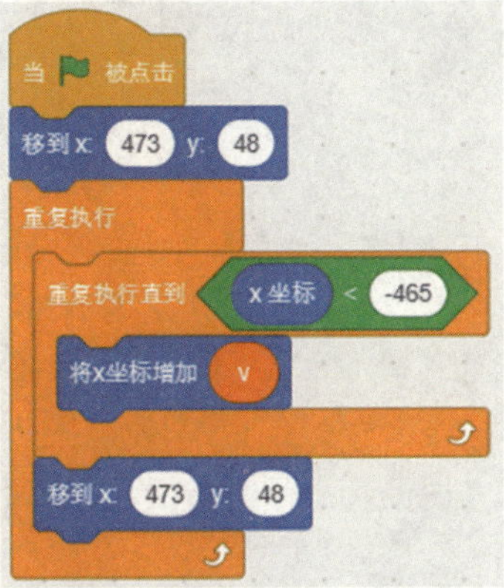

第三步:仙人掌的克隆与移动。

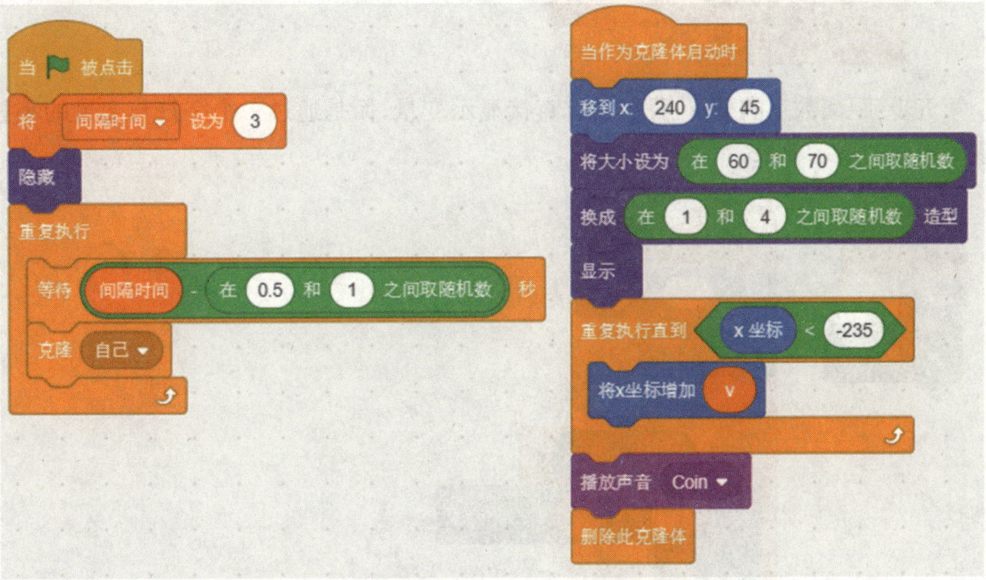

第四步:按下空格键控制小恐龙跳跃并做自由落体运动。

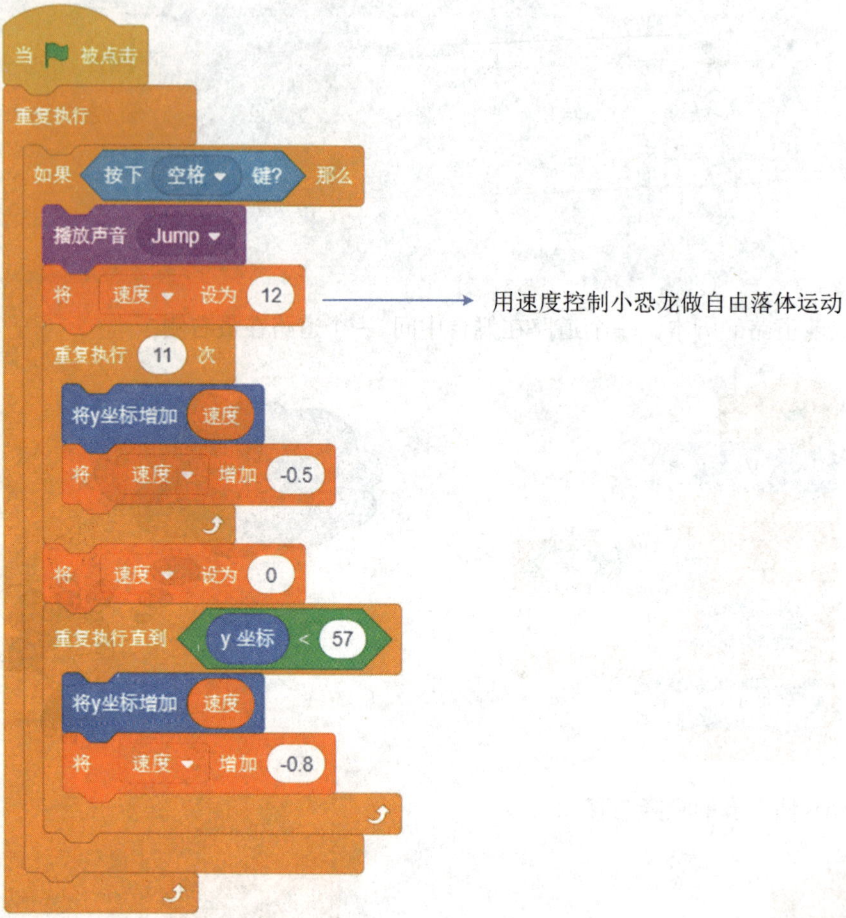

第五步：距离数字的显示，我们没有直接显示变量，而是通过一个字符与变量的小技巧实现了更好的展示效果。

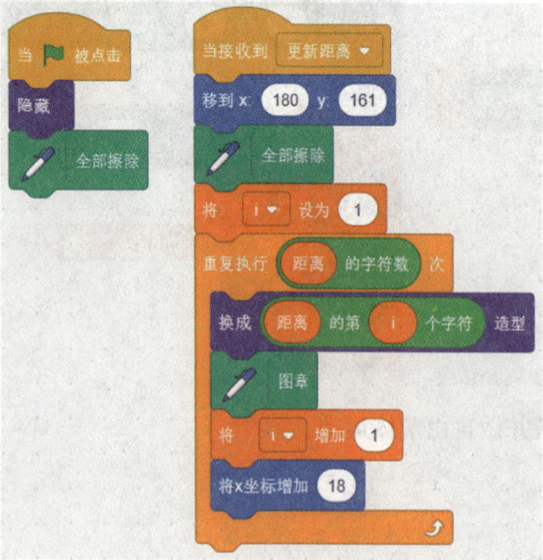

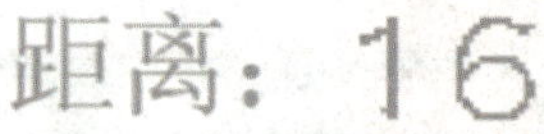

体验

扫一扫：扫描下方二维码体验程序。

拓展

给程序添加一只乌鸦在道路上飞，小恐龙要避免碰到乌鸦在路上奔跑。

反思

我们在这个程序中学习实现背景连续滚动的效果，这是很多赛车、跑酷类程序中常见的方法，需要牢牢掌握。另外学习如何利用变量来控制程序也是非常重要的。

项目10 成语闯关

情境

成语闯关，主要是一个交互式问答的游戏，让玩家在游戏中学习成语，掌握成语的意义。程序由30多个关卡组成，每一个关卡就是一张图片，所有关卡是一个角色的不同造型。根据图片提示输入正确的成语答案，如果输入错误，角色"书童"会给出提示"解释"，然后重新输入。通关后提示"闯关成功"！

探究

通过图片来展示成语，除了锻炼孩子对图片信息的观察力，还能锻炼孩子解读图片信息的能力。实现整个程序的功能，我们需要解决这样两个问题：

1. 图片切换的问题；

2. 实现交互式问答，并根据图片的信息，判断玩家回答的对错。这也是这个程序的重难点。

建模

我们可以搜集一些成语图片，它们作为一个角色的不同造型表示着多个不同的成语。同时，我们需要借助列表来保存正确答案以及对应的成语的解释，注意答案和解释要和成语图片的造型一一对应。

因此，我们本质上是把成语图片的造型编号与"答案"列表和"解释"列表建立联系。通过对玩家输入的回答与"答案"列表的"造型编号"项是否一致即可判断回答是否正确，进而决定是否执行下一个成语造型和提示"解释"。

编程

第一步：上传成语图片，添加若干个造型。

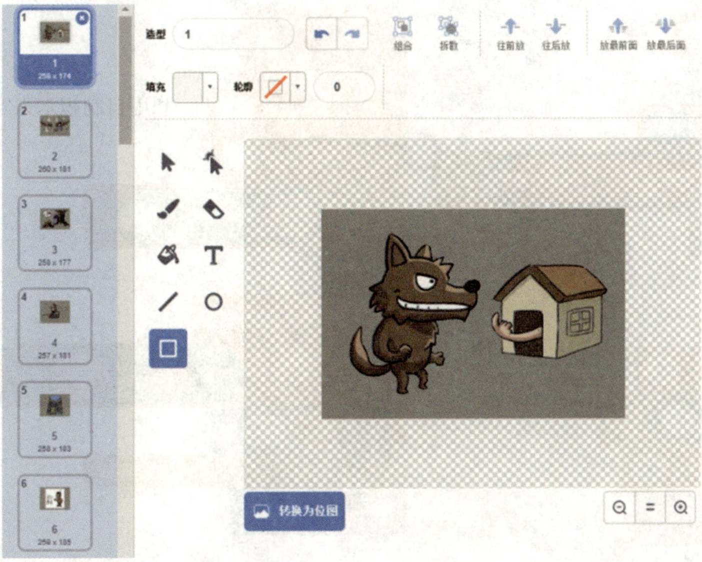

第二步:新建两个列表分别是关卡对应的答案和解释。

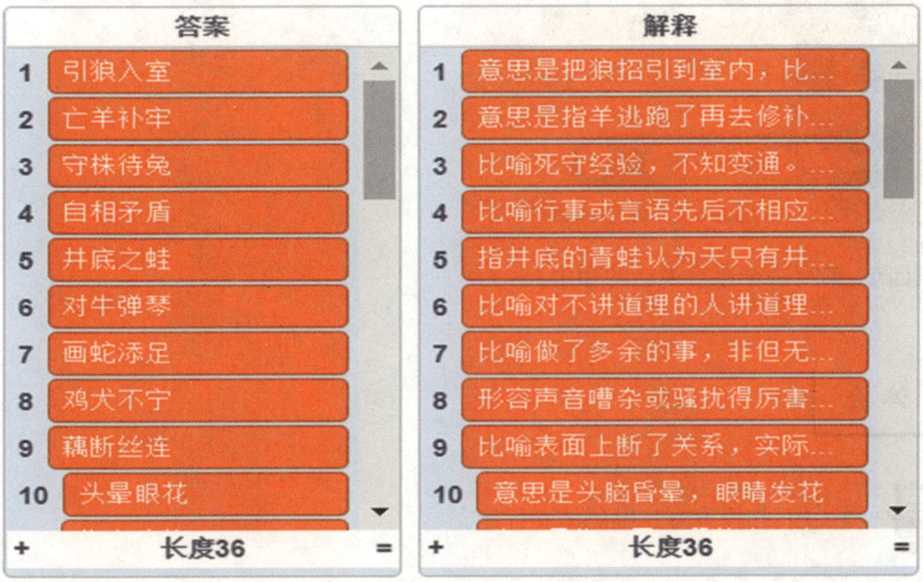

第三步:将关卡、输入和列表中的答案建立一一对应的联系是非常重要的,也是程序中难度较大的部分。我们通过变量“关卡”和列表的第“关卡”项、换成第“关卡”造型来实现。

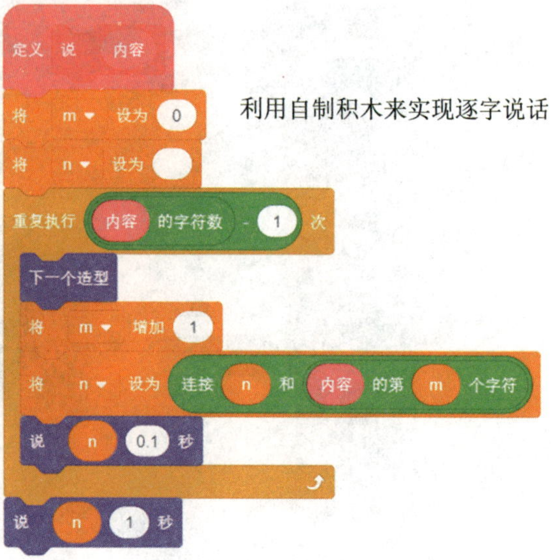

利用自制积木来实现逐字说话

第四步：编写一个逐字说话的积木。

体验

扫一扫：扫描下方二维码体验程序。

拓展

想一想如何让这个程序更完美？还可以增加哪些功能？

反思

这种类型的程序很常见，闯关问答题基本都可以按照这种方法来实现。重点学习如何把角色的造型编号与列表的项目编号、项目之间建立一一对应的关系，并进行判断。弄懂这个道理，问题迎刃而解。

第5章　趣味数学

项目1　判断奇偶数

情境

是2的倍数的数叫作偶数(双数),不是2的倍数的数叫作奇数(单数)。

整数可以分成奇数和偶数两大类:

不能被2整除的数叫作奇数,奇数可以用 $2k+1$ (k 为整数)表示,奇数是末尾为1,3,5,7,9的数。

能被2整除的数叫作偶数,偶数则可以用 $2k$ (k 为整数)表示,偶数是末尾为0,2,4,6,8的数。

特别注意,因为0能被2整除,所以0是偶数。

探究

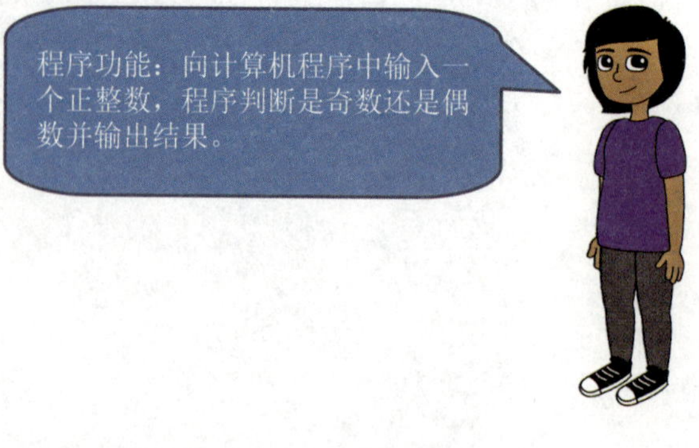

如何判断一个数字是不是2的倍数呢?

建模

需要判断的应该是余数,如果是 2 的倍数,那么除以 2 的余数就是 0。

如果不是 2 的倍数,那么就是奇数,除以 2 的余数就是 1。

编程

在这个程序中,我们需要判断输入的回答除以 2 的余数情况。因为回答除以 2 的余数只有 1 和 0 两种情况,所以我们根据分析需要用到条件分支指令“如果……那么”。

我们可以这样表示分支结构的条件。

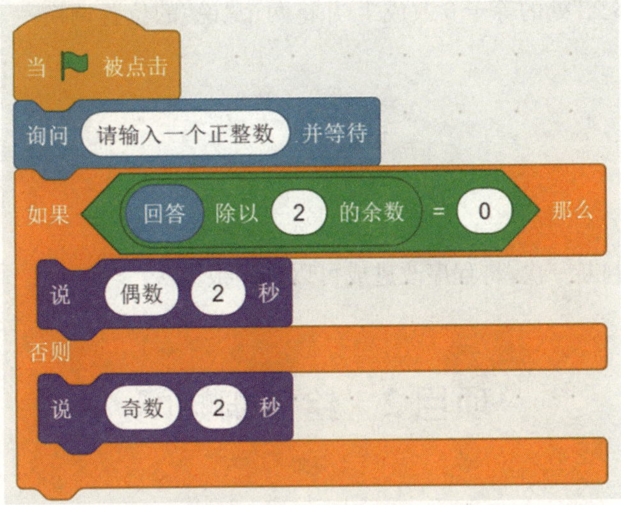

程序的源代码如上图所示。

运行程序,输入 17 后,运行结果如下:

体验

扫一扫：扫描下方二维码体验程序。

拓展

将“如果……那么”处的等于 0 改成 1，并将两个“说”的位置调换一下，看一下结果是否正确。

反思

现在程序只能判断一次，将程序改进成可以判断很多次。

项目 2　绘制蜘蛛网

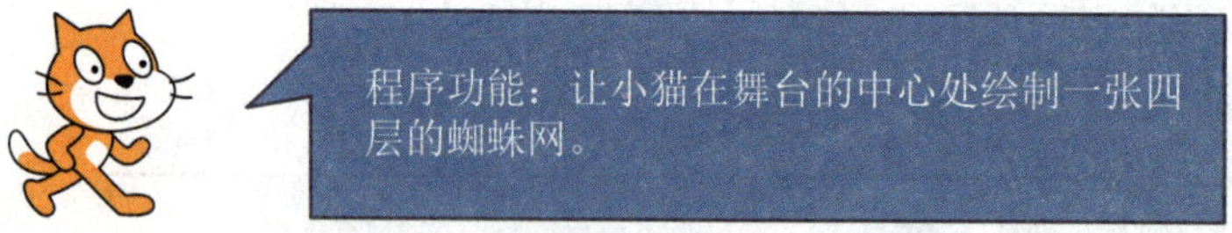

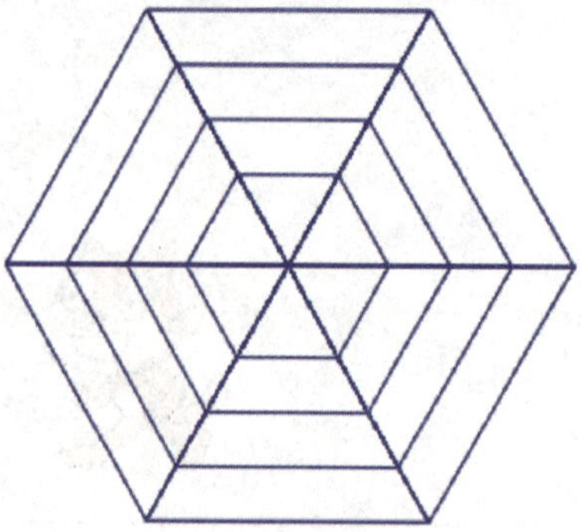

情境

蜘蛛，节肢动物，体长 1～90 mm，身体分头胸部(前体)和腹部(后体)两部分，头胸部覆以背甲和胸板。头胸部有附肢两对，第一对为螯肢，有螯牙、螯牙尖端有毒腺开口；直腭亚目的螯肢前后活动，钳腭亚目者侧向运动及相向运动；第二对为须肢，雌蛛和未成熟的雄蛛的须肢呈步足状，用以夹持食物及作感觉器官。

蜘蛛捕食都是依靠结网来捕捉猎物的，蜘蛛抓到猎物后会注射有毒的消化酶，先将猎物毒死，然后将猎物拖到网中心，猎物不能挣扎后，蜘蛛会利用腹部吐出蛛丝将猎物全身牢牢地缠住。

探究

仔细观察，我们发现这个蛛网由内到外是由四个大小不同的六边形构成，而每一个六边形是由六个相同的等边三角形旋转得到的。六边形的边长由内到外越来越长。

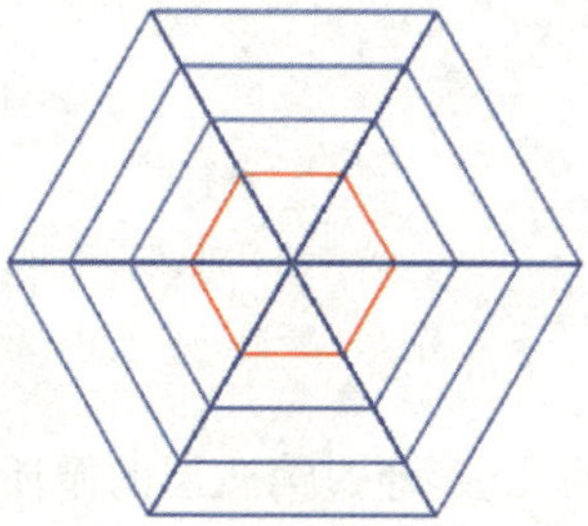

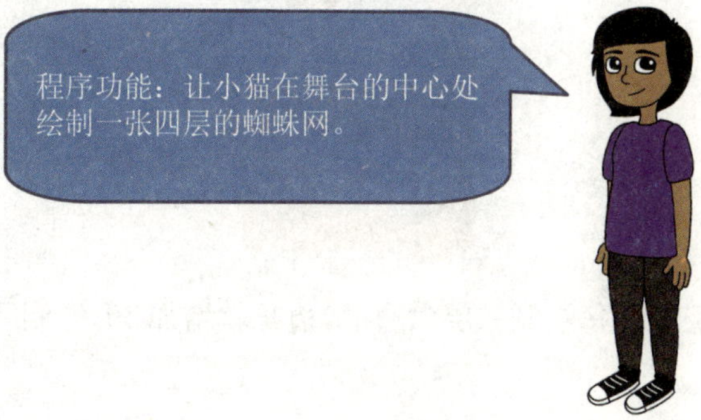

建模

先画出三角形，然后利用三角形的程序重复 6 次就可以画出一层蜘蛛网，再利用一个重复执行控制想要画的蜘蛛网层。

编程

第一步：默认小猫的角色，设定画笔的初始状态。

第二步：新建一个变量“边长”，设定边长初始值为50。绘制一层由6个等边三角形构成的正六边形。

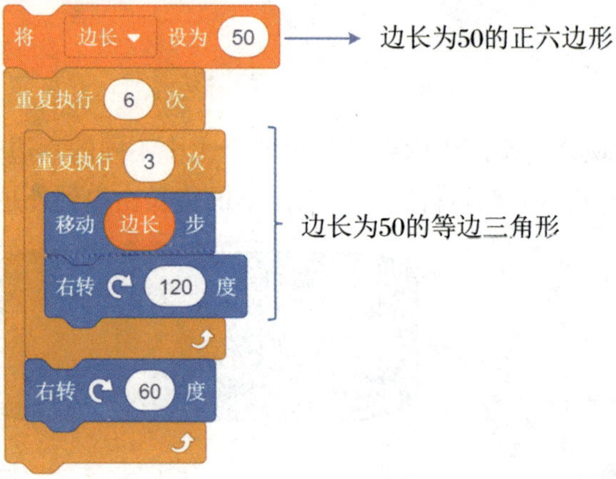

第三步：每绘制一层六边形，边长就增加30，绘制剩下的几层，通过第三层的循环嵌套来实现。

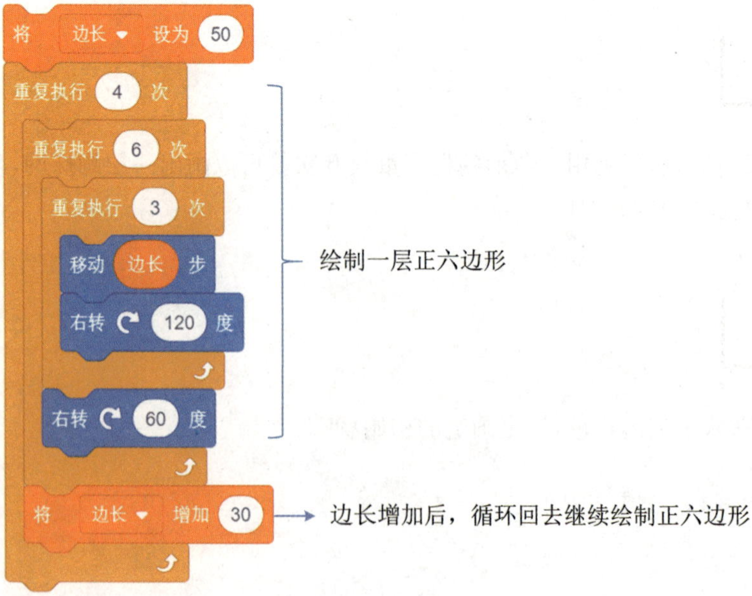

体验

扫一扫:扫描下方二维码体验程序。

拓展

让每层的蜘蛛网三角形个数增加以及总层数增加。

反思

如何绘制七彩蜘蛛网呢?尝试让每层的颜色都不一样。

项目3 口算训练器

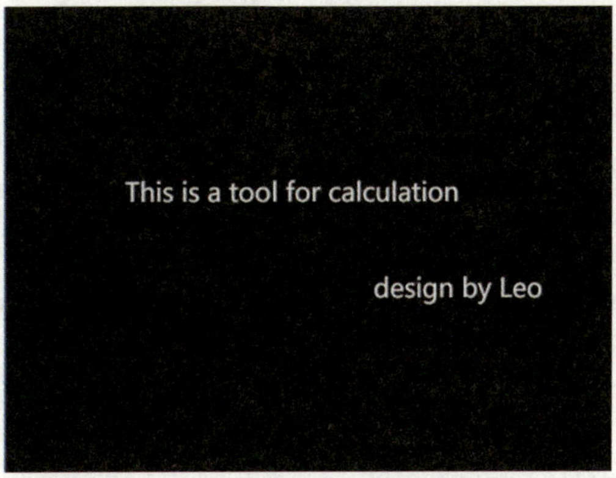

情境

一一得一，一二得二……
九以内的乘法，相信同学们一定都很熟悉了，那要是超过九了呢？
来挑战一下吧！

探究

怎么产生两个随机的数字并且求和，两个数字的范围怎么固定？

建模

利用变量来记录产生的随机数，然后再询问来获取每次回答的答案，计算出答案后再与回答对比。

编程

第一步：选择角色“cat”，并且绘制两个按钮“Add”以及“Sub”。

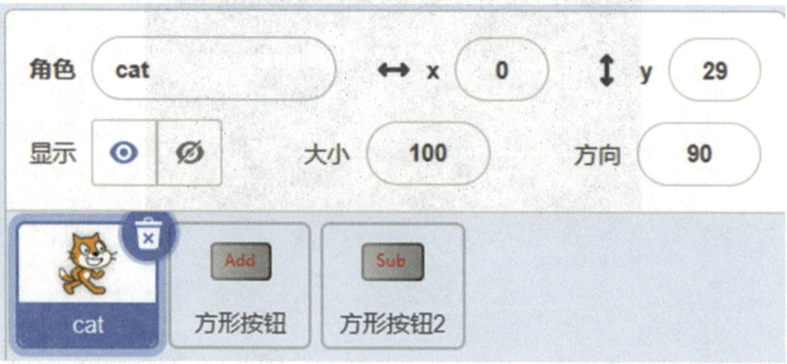

第二步：绘制背景，可以加上一些文字描述。

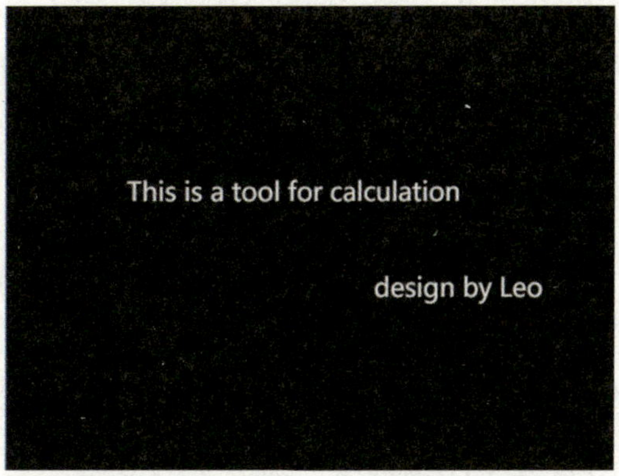

第三步：设置舞台背景的初始效果，并且广播“出场”消息。

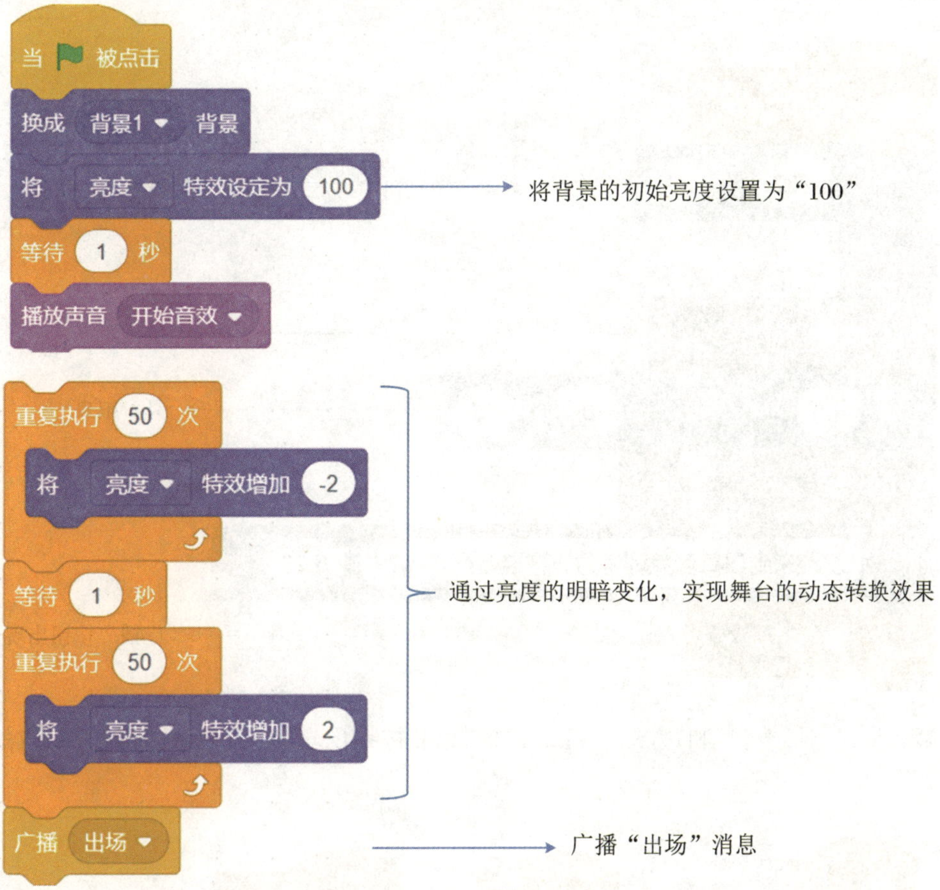

第四步：“cat”在绿旗被点击时设置为“隐藏”，在接收到“出场”时，出现并且切换造型，移动到舞台中央，说“欢迎来到口算魔鬼训练营，你准备好了吗？”并在最后广播“按钮出现”。

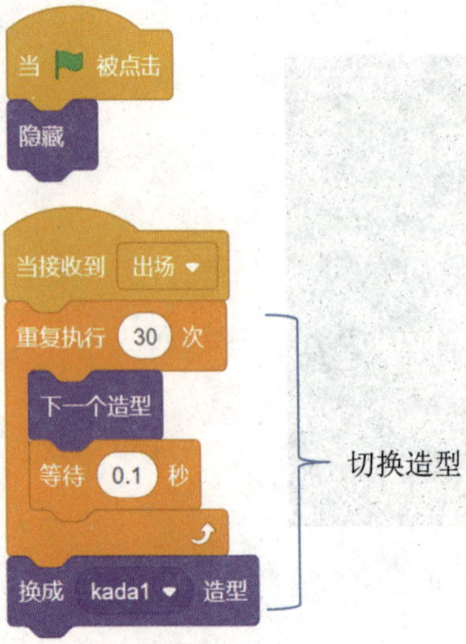

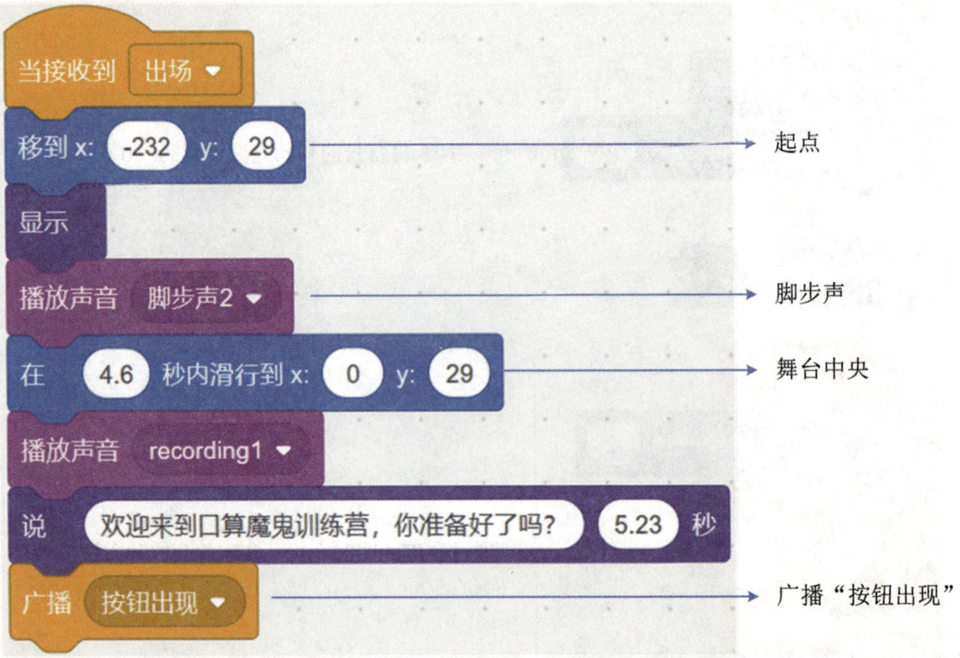

第五步:“方形按钮”和“方形按钮 2”在接收到“按钮出现时”出现，并且设置相应的触发效果。

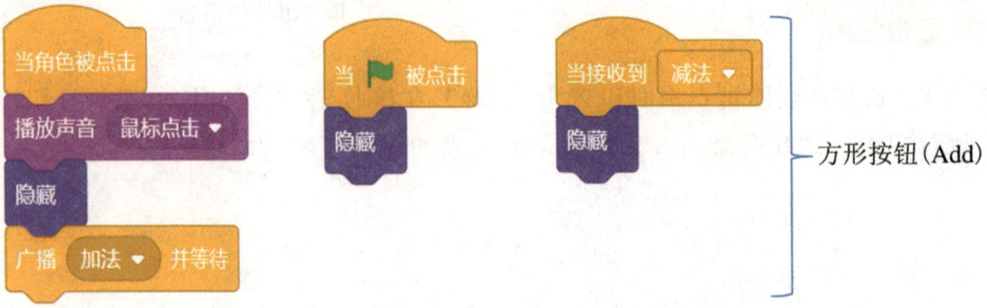

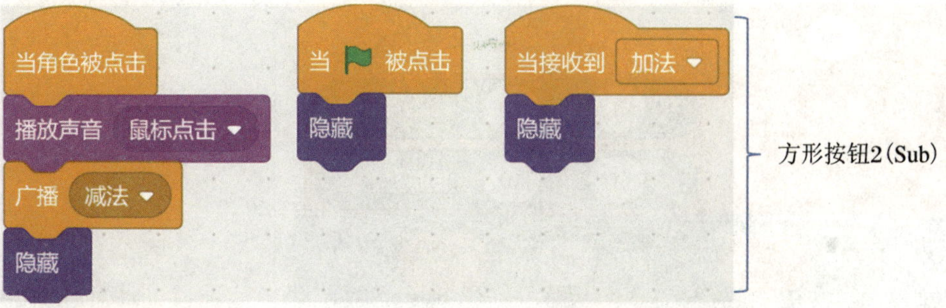

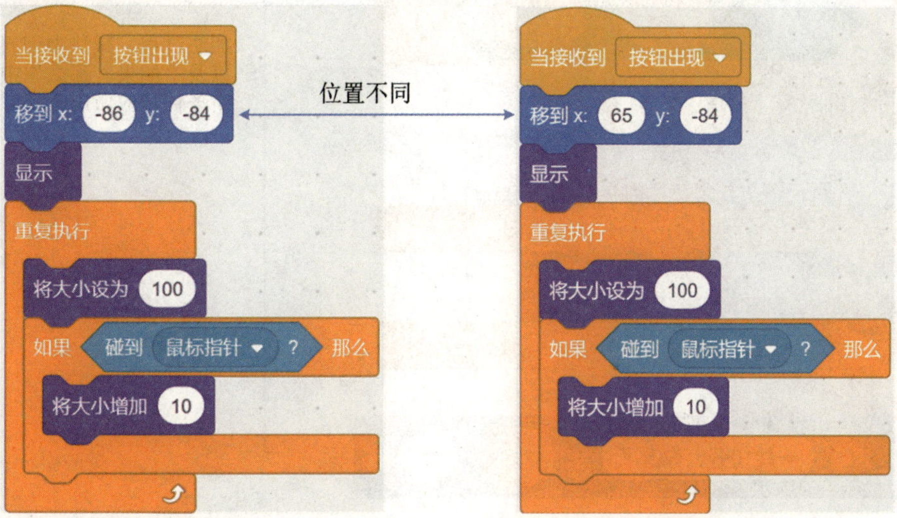

方形按钮(Add)　　　　方形按钮2(Sub)

第六步： 在“cat”中建立三个变量分别为“得分”“数字 1”和“数字 2”。并且将“得分”设置为 0，当绿旗被点击时隐藏，在接收到“加法”或“减法”显示。

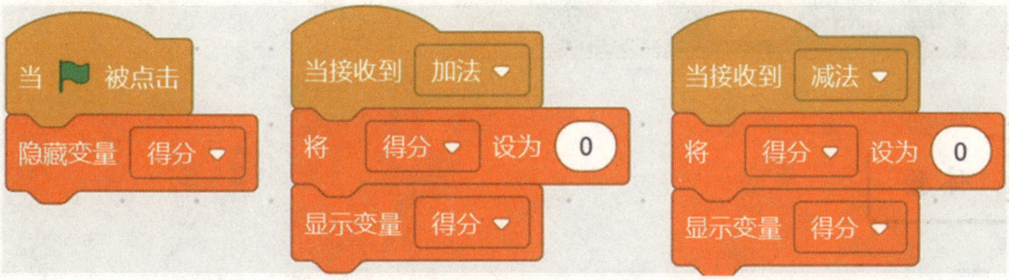

第七步：设置数字 1 和数字 2 为固定范围内的随机数，并提问，在接收到“加法”时提问加法，接收到“减法”时提问减法，并且根据回答是否等于对应的运算结果，执行不同时间，整个询问过程执行 10 次。

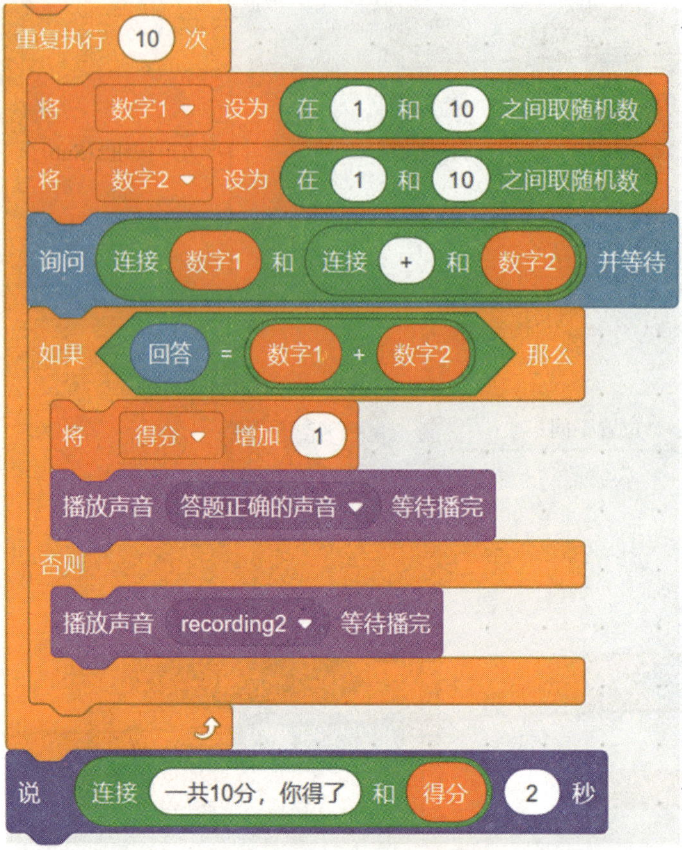

加法过程，减法中询问内容以及“如果、那么”中的判断条件相应做出改变即可

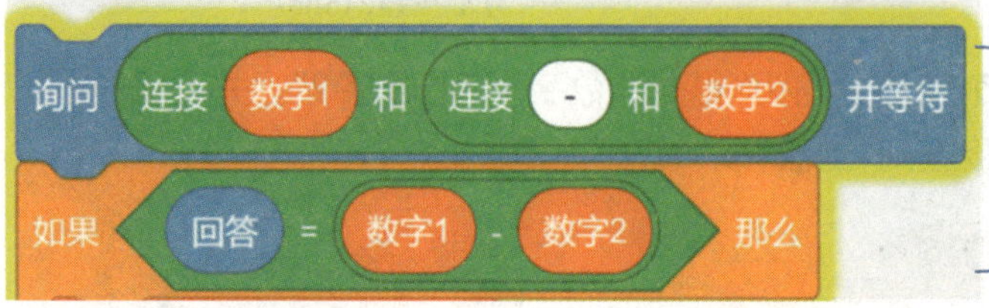

减法询问、判定部分

体验

扫一扫:扫描下方二维码体验程序。

拓展

补充完成减法。

反思

添加程序，完成乘法、除法。

项目4 模拟时钟

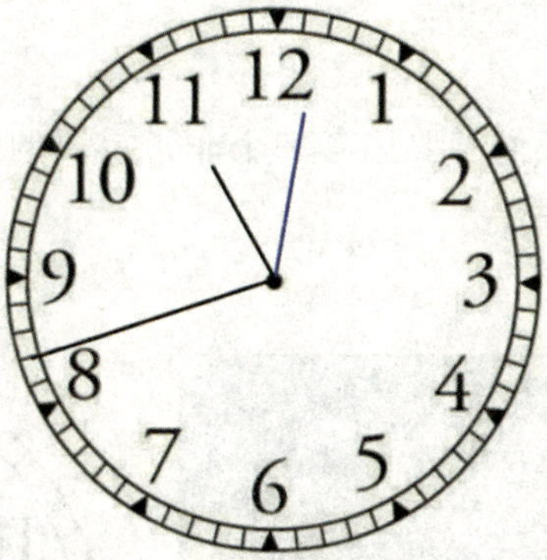

情境

《周髀算经》卷上：“故冬至日晷丈三尺五寸，夏至日晷尺六寸。冬至日晷长，夏至日晷短。”日晷，本义是指太阳的影子。现代的“日晷”指的是人类古代利用日影测得时刻的一种计时仪器，又称“日规”。其原理就是利用太阳的投影方向来测定并划分时刻，通常由晷针(表)和晷面(带刻度的表座)组成。利用日晷计时的方法是人类在天文计时领域的重大发明，这项发明被人类沿用达几千年之久。根据对计时工具的认识，世界上最早的计时工具是我国古代的日晷。

探究

我们知道现代电子时钟内包含 3 种指针分别是时针，分针和秒针，时与分换算关系如下：

1 小时 = 60 分钟

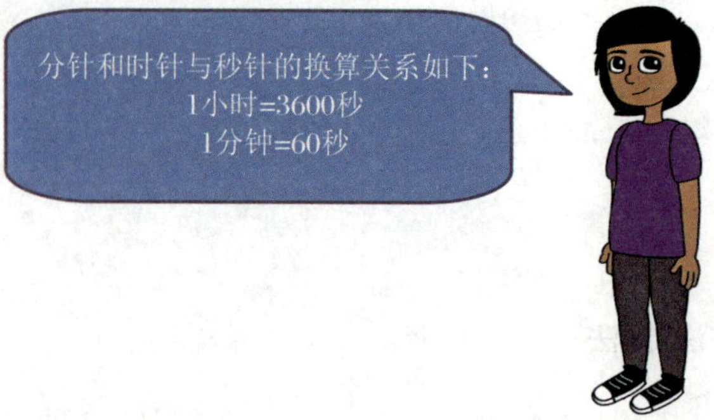

因此，通过 Scratch 来绘制我们所需角色：时针，分针和秒针，再通过时间换算的关系来完成本次程序功能：模拟一个时钟，让它显示实时的时间，是我们需要解决的主要思路。

建模

在编写指针的脚本之前，我们需要思考一个非常重要的问题：每一个指针指向的方向（面向的角度）与时间有什么关系？

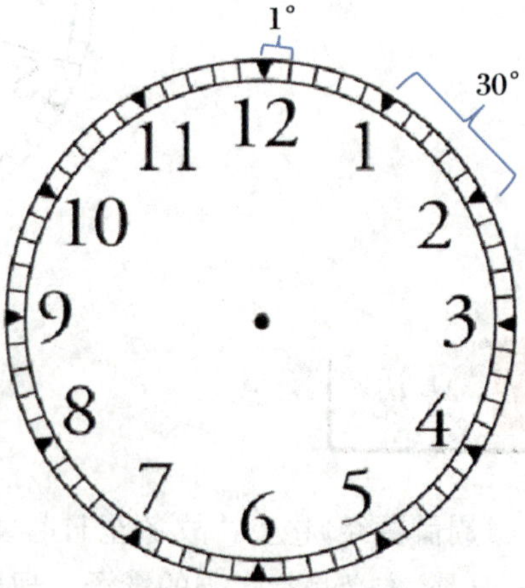

编程

第一步：删除默认的小猫角色，绘制角色：时针，分针，秒针，绘制指针的时候注意设定好造型中心。设定它们的初始位置在舞台的正中心。我们可以在网上下载钟面的图片，然后上传作为背景。

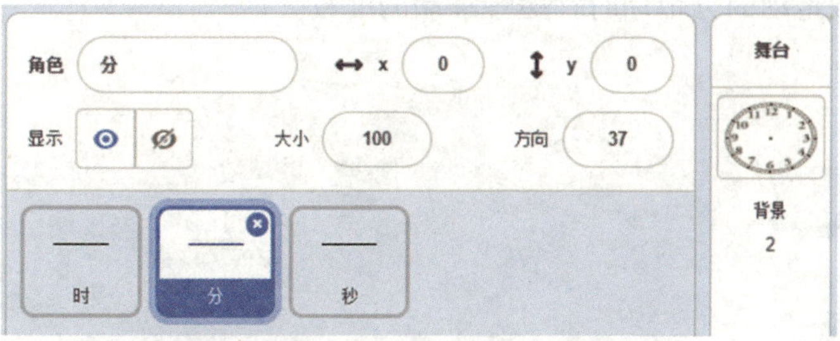

第二步：秒针的方向＝当前时间的秒乘以6°，秒针的脚本。

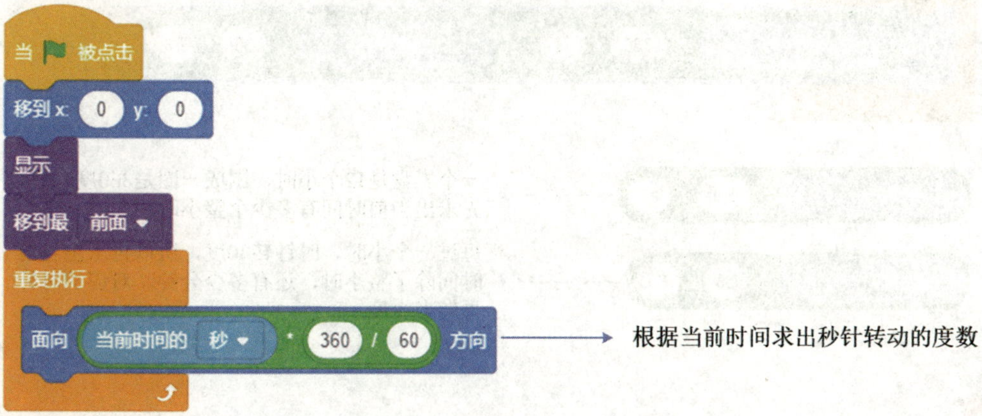

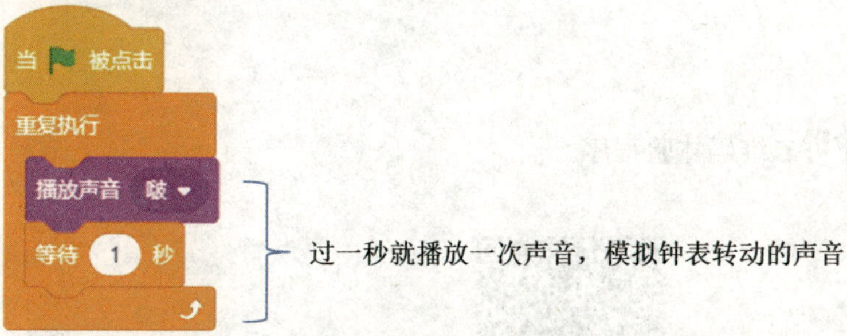

第三步：分针的方向是由两个部分组成的，第一部分是由当前时间的分决定的整数度，第二部分是由不断走动的秒针带动分针缓慢移动的度数。

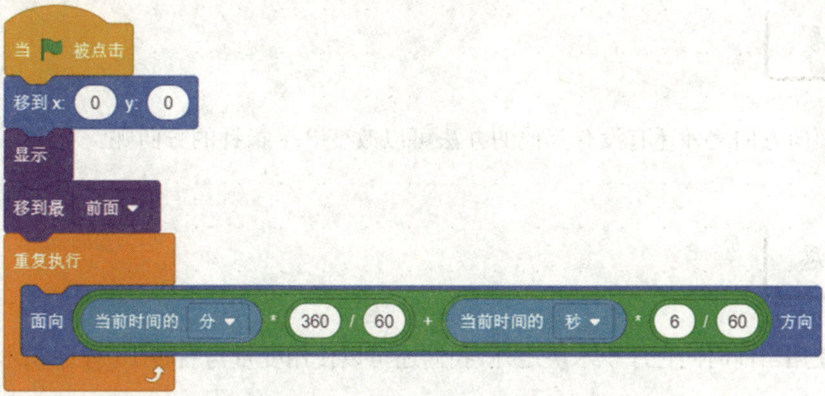

第四步：时针的方向是由两个部分组成的，第一部分是由当前时间的时决定的整数度，第二部分是由缓慢走动的分带动时针缓慢移动的度数。

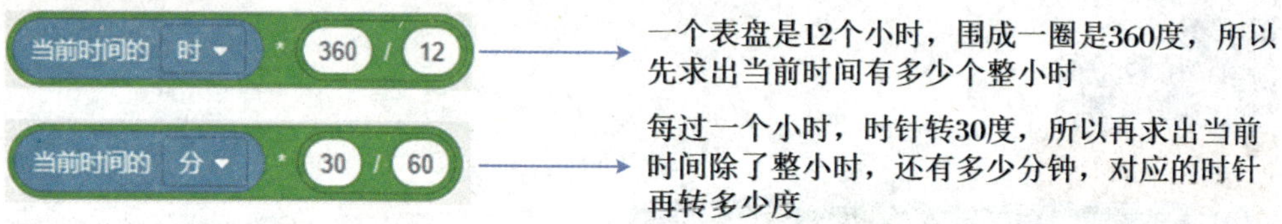

体验

扫一扫：扫描下方二维码体验程序。

拓展

除了面向方向之外还有没有其他的办法可以改变3个指针的方向呢？

反思

除了使用当前时间程序积木块之外，我们还可以使用变量与右转15°程序积木块来实现同样功能的电子时钟程序，你有什么好办法呢？

项目5 平年和闰年

情境

闰年是公历年中的名词，主要分为普通闰年和世纪闰年。闰年是为了弥补因人为历法规定造成的年度天数与地球实际公转周期的时间差而设立的，补上时间差的年份为闰年。闰年共有366天，1～12月分别为31天、29天、31天、30天、31天、30天、31天、31天、30天、31天、30天、31天。平年是指阳历没有闰日或农历没有闰月的年份；二指农作物收成平常的年头儿。阳历没有闰日或农历没有闰月的年份叫平年。非整百年份除以4，整百年份除以400不能整除的即为平年。平年二月有28天，而闰年二月有29天。

探究

程序功能：输入一个年份，程序根据输入的年份进行判断，并输出平年或者闰年。

既然要从键盘输入年份，那么我们必须要知道什么是平年和闰年。同学们你们知道闰年和平年怎么区分的吗？

建模

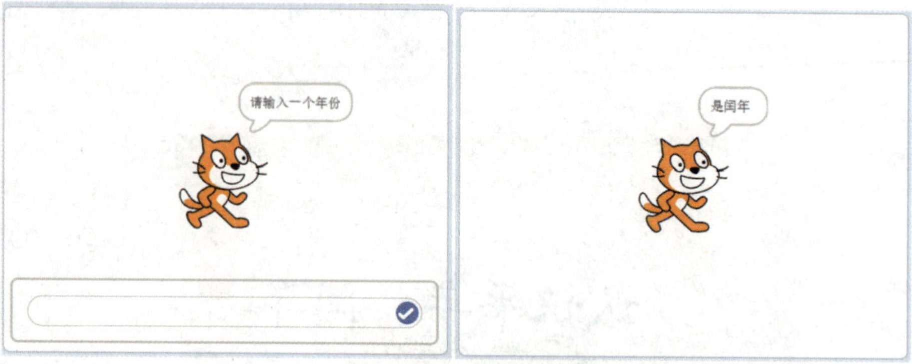

我们现来思考一下:什么样的年份是平年,什么样的年份是闰年呢?

根据本章学习的内容,你能用指令正确表达出闰年的判断条件吗?

编程

第一步:实现输入的功能。

第二步:我们利用条件分支结构的嵌套来判断闰年。

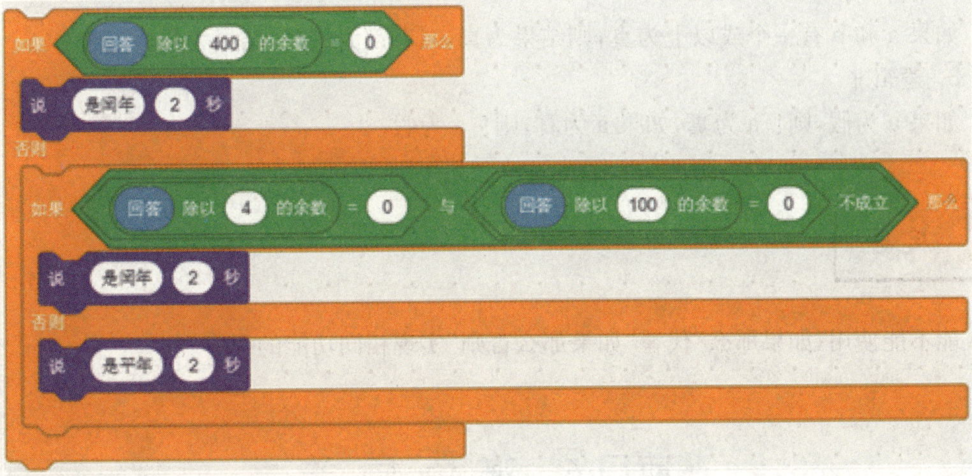

我们也可以把两个条件合并为一个长的条件。

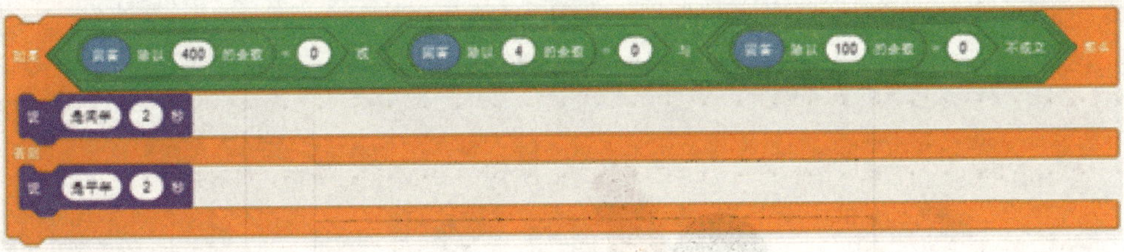

你觉得这两种方式哪一个更好？

体验

扫一扫：扫描下方二维码体验程序。

拓展

这里“如果那么否则”，其实是编程当中的判断语句，其中所填条件通常会使用到逻辑运算符。下面我们来简单科普一下逻辑运算符的使用方法。

1. 逻辑与

如果 a 和 b 都为真，则结果为真，如果 a 和 b 中有一个条件为假，则结果为假。

2. 逻辑或

如果 a 和 b 有一个或以上为真，则结果为真，二者都为假时，结果为假。

3. 逻辑非

如果 a 为假，则！a 为真，如果 a 为真，则！a 为假。

反思

能不能使用“如果那么”代替“如果那么否则”实现相同功能的程序呢？

项目6 鸡兔同笼

情境

鸡兔同笼是中国古代的数学名题之一。大约在 1500 年前，《孙子算经》中就记载了这个有趣的问题。书中是这样叙述的：

今有雉兔同笼，上有三十五头，下有九十四足，问雉兔各几何？

这几句话的意思是：有若干只鸡兔同在一个笼子里，从上面数，有 35 个头，从下面数，有 94 只脚。问笼中各有多少只鸡和兔？

探究

我们在小学数学中碰到过鸡兔同笼的问题，我们了解过很多方法可以解决这个问题。例如：“抬腿法”“假设法”“画图法”“列表法”等。《孙子算经》的作者也提出了古代的解法：

“上置三十五头，下置九十四足。半其足得四十七。以少减多，再命之，上三除下四，上五除下七。下有一除上三，下有二除上五，即得”。

转换成数学算式：

兔数(94÷2)-35=12　　　　　　鸡数 35-12=23

可以看到，古人的解法实际就是一种抬脚法。

抬腿，即鸡“金鸡独立”，兔子两个后腿着地，前腿抬起，抬腿后，腿的数量就为原来数量的一半。94÷2=47 只脚。现在鸡有一只脚，兔有两只脚。笼子里只要有一只兔子，脚数就比头数多1。那么脚数与头数的差 47-35=12 就是兔子的只数。最后用头数减去兔的只数 35-12=23 就得出鸡的只数。

所以，我们可以总结出这样的公式：兔子的只数=总腿数÷2-总只数。

那么，我们用程序怎么来解决这个问题呢？我们知道计算机最大的优势是重复地快速计算，因此，我们尝试让计算机来模拟列表法来解决这一问题。

建模

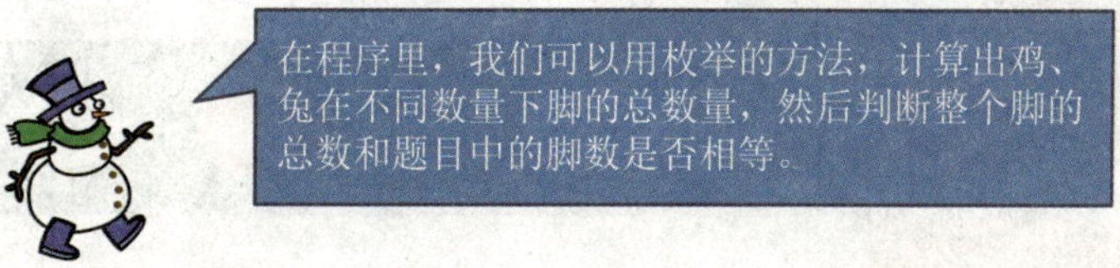

脚数=鸡数×2+兔数×4

我们以案例中的 35 个头和 94 只脚为例：

	1	2	3	……	23	……	34
	34	33	32	……	12	……	1
头数	35						
脚数	138	136	134	132	94	……	72

这里一定有一组鸡、兔数量符合题目的要求。

编程

第一步：我们需要新建三个变量：头数、脚数、鸡数。并设定它们的初始值。

第二步：通过循环来不断改变兔子和鸡的数量，通过计算每次对应的脚数量，来判断是否与题目给的脚的总数相等。如果相等，即说出鸡和兔的数量并停止程序。

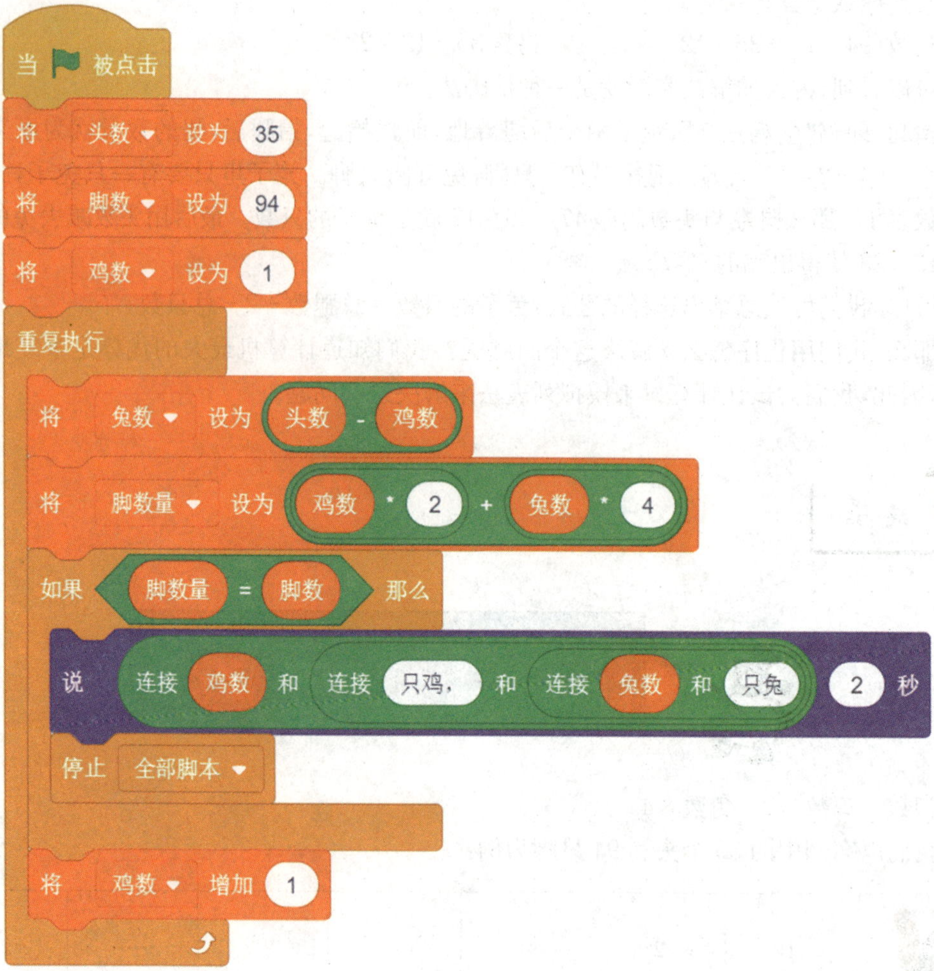

体验

扫一扫:扫描下方二维码体验程序。

拓展

想一想还有没有其他的办法可以解决鸡兔同笼的问题呢?

反思

这个程序中，已经明确给出了总的头数和脚数，我们也知道一定有符合条件的鸡数和兔数。如果我们通过键盘输入头数和脚数，是否也一定有符合条件的鸡数和兔数呢？这个程序该如何拓展？如果没有，怎样让程序更完美呢？

项目7 探索圆周率

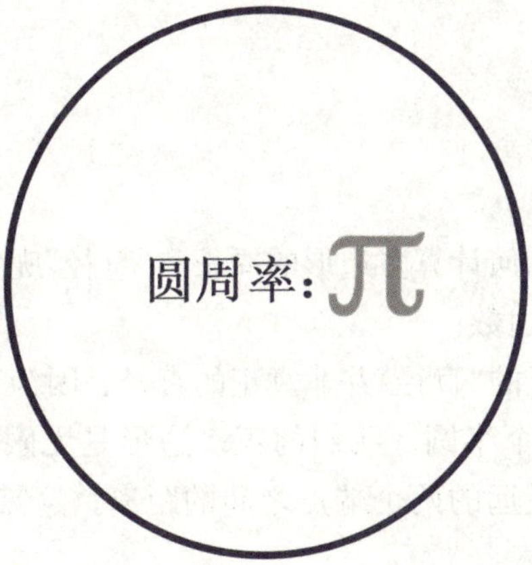

情境

中国古算书《周髀算经》(约公元前2世纪)中有“径一而周三”的记载，但因为缺乏科学依据而很少有人采用。公元263年，三国时期魏国的刘徽创立了“割圆术”，才使圆周率的计算走上了科学的道路。刘徽这样解释他的“割圆术”：“割之弥细，所失弥少，割之又割，以至于不可割，则与圆合体，而无所失矣。”即通过圆内接正多边形细割圆周，并使正多边形的周长无限接近圆周长，进而来求得较为精确的圆周率。南北朝时期的数学家祖冲之在刘徽开创的探索圆周率的精确方法的基础上，首次将圆周率精算到小数第七位，即在3.1415926和3.1415927之间，开创了一项世界纪录，比欧洲早了一千多年。

探究

我们知道由圆的周长公式 $c=\pi$(圆周率)$\times d$(直径)可以推导出：

$$\pi = c \div d$$

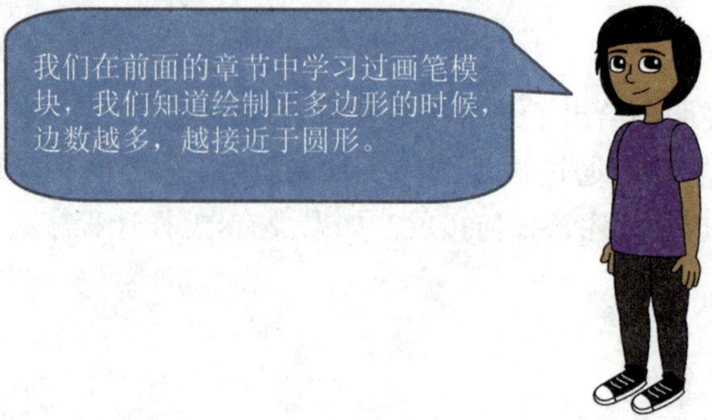

因此，通过程序计算 π，需要我们计算正多边形的周长和“直径”。我们今天就尝试用“割圆术”的办法，我们绘制更多边数的正多边形，然后通过计算周长与直径的商来观察圆周率的变化。

建模

绘制多边形的过程中，如何计算多边形的周长和“直径”呢？

多边形的周长 = 边长 × 边数。

其实，严格意义上说这里的“直径”并非真正的直径。因为直径是相对于圆而言的，任意一条直径把圆平均分成了两个半圆。我们的正多边形是无限接近于圆的，我们可以把“直径”理解为平分正多边形后最远的两个端点之间的距离。这需要我们绘制的正多边形的边数为偶数条边。

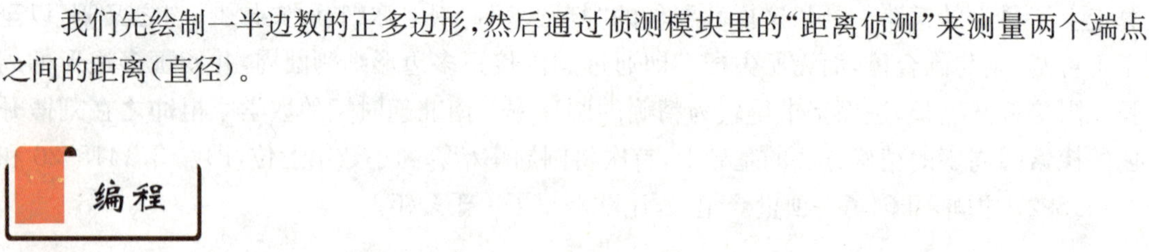

我们先绘制一半边数的正多边形，然后通过侦测模块里的“距离侦测”来测量两个端点之间的距离（直径）。

编程

第一步：添加 2 个角色：起点与画笔。为了更好地观察，我们用两个点来作为起点和画笔，设定好起点的位置在舞台的正上方。

第二步：设定 4 个变量：正多边形的边数、边长、直径和圆周率 π。

第三步：给画笔编写代码。先输入正多边形的边数和边长（注意边数要为偶数）。

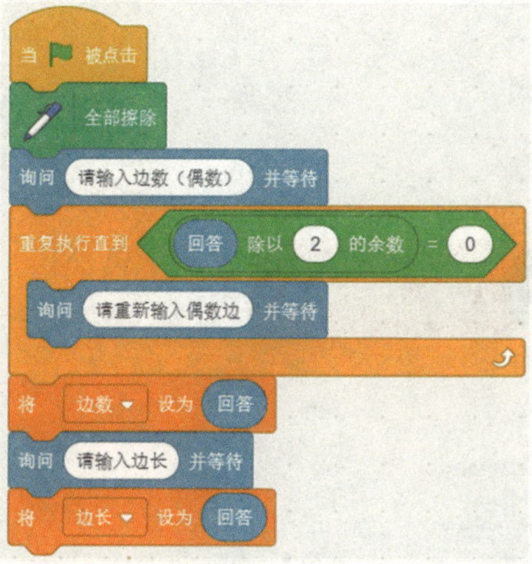

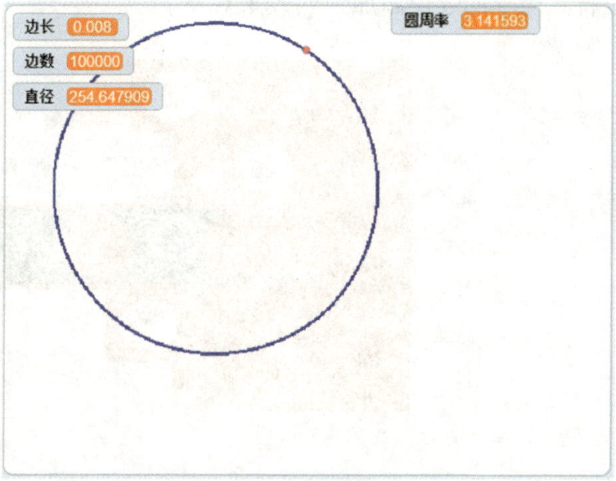

第四步:让画笔绘制一个半圆,然后使用距离侦测来计算直径的长度。

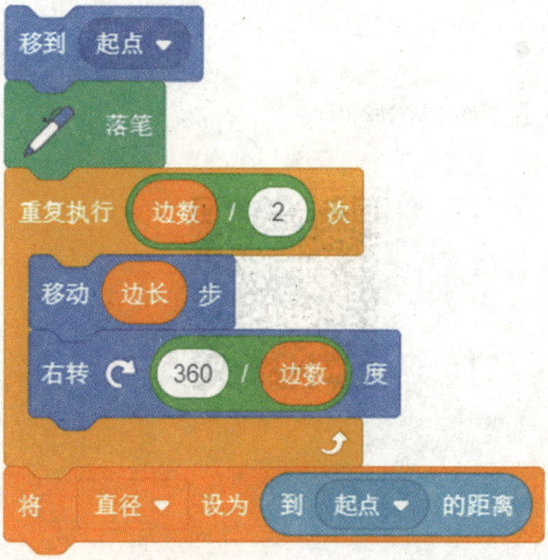

第五步:绘制剩下的半圆,然后计算正多边形的周长与直径的商。

由于 Scratch 变量小数位数的显示受限,为了观察圆周率的小数点后面的数字,我们可

以将圆周率的数位添加到列表来观察。

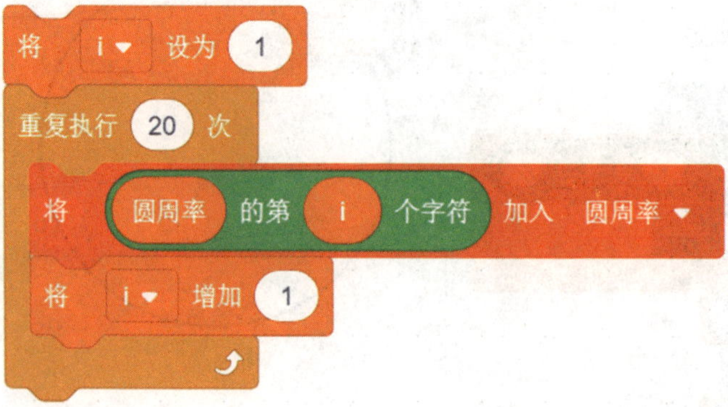

体验

扫一扫:扫描下方二维码体验程序。

拓展

还有没有其他的办法可以测算圆周率呢?

反思

我们发现边数越多,正多边形越接近于圆形,计算出来的圆周率也越接近于3.1415926。但随着边数的增加,圆的面积很容易超过Scratch舞台的边缘,造成测算不准确。因此,我们需要调整好边数和边长的比例,保证圆的范围不碰到舞台边缘。你有什么好办法呢?

项目8 打 擂 台

情境

相信大家经常在电视剧中能看到打擂台的比赛。打擂台是武术的早期竞赛形式，通常有两种：一种是由主办者（桩主）摆擂台，能武之士皆可上台与之较量，称为“打擂”；另一种由主办者设台，比武者按报名顺序上台较量，取胜者留在台上，以决出武艺最高强者，称为“擂台赛”。相传在唐宋时已有打擂比武，明代武术流派林立，这一比赛方式更为盛行。中华人民共和国成立前，“中央国术馆”曾组织过“擂台赛”。

其实打擂台出现在很多现代的竞技活动中，例如：奥运会举重项目通过选手轮番上阵，最终留下的就是举重冠军。还有跳水项目的跳水冠军。电视里面的诗词飞花令，最终留下的就是诗词大赛的冠军。

我们今天要研究的当然不是举重或者飞花令，我们来研究这样一个问题：如果在一组数据中通过轮番比较两个数的大小，最终找到最大的数，这不也是一种打擂台的形式吗？

探究

在这个问题中，我们需要对一组数据进行分析比较。然后在比较的过程中，淘汰较小的数，留下较大的数。直到比较完所有的数据，那么最后留下来的数就是最大的数。我们通过一个案例来实现打擂台的功能：

按照学号顺序输入10位同学的成绩，输出最高分对应的学号和分数。

建模

我们来看一下分数比较的过程。

我们假设第一位同学的成绩最高，然后跟后面同学两两比较，最高分的标签总会停在较高的分数上面。

……

经过 9 次比较就能确定最高分是哪一位同学。

编程

第一步：我们新建一个列表“语文成绩”来存放我们输入的 10 个语文分数。我们结合变量和循环来实现 10 次输入。新建两个变量：学号和最高分。

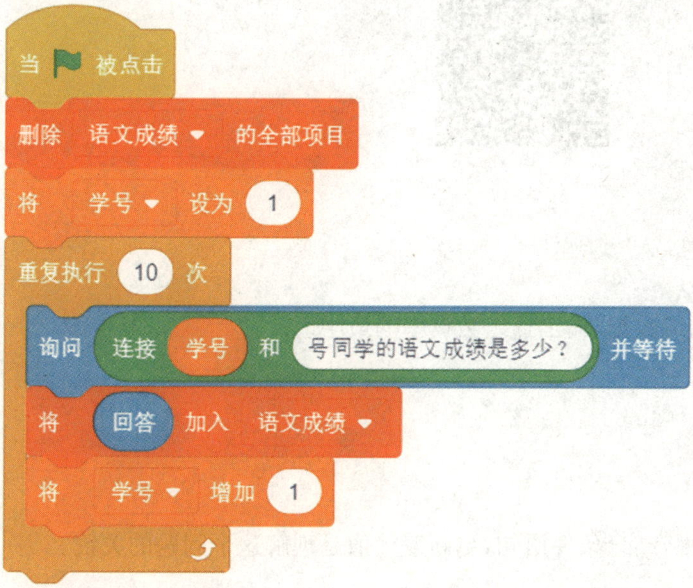

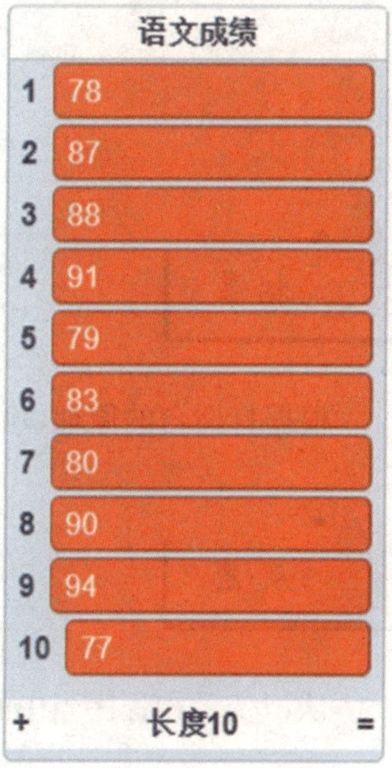

第二步：假设最高分就是第一位同学，然后从第二位同学跟第一位比较开始，通过 9 次的比较，我们把每次比较中较大的分数保留下来，存放在变量“最高分”中。循环结束之后，说出最高分对应的学号和分数。

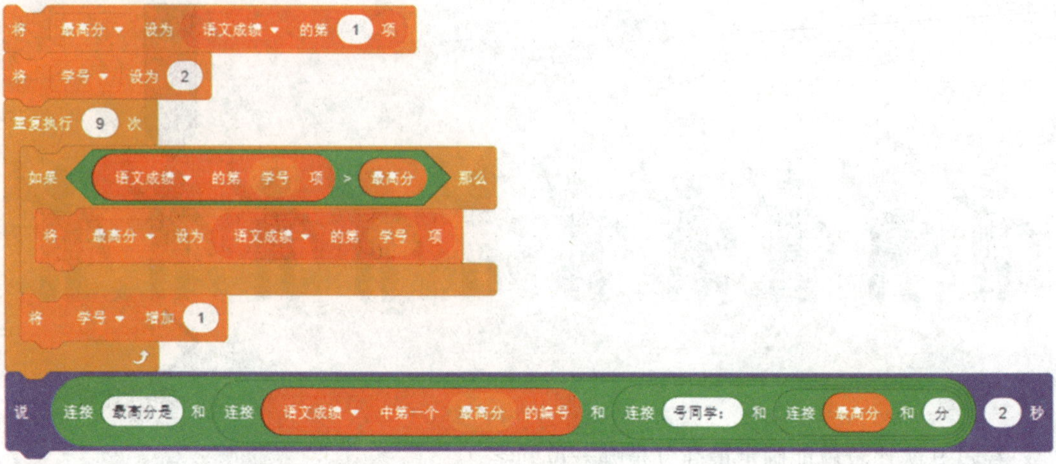

体验

扫一扫:扫描下方二维码体验程序。

拓展

根据打擂台的原理,输入一组数据,输出这组数据中的最小值。

反思

认识变量在程序当中的作用,结合条件语句,更新变量值是理解这个问题的关键。

项目9 冒泡排序

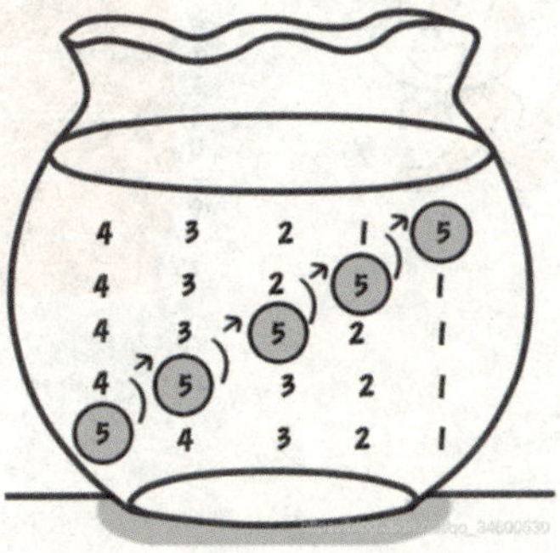

情境

在生活中,我们经常会遇到排序的情况,例如上体育课时,老师往往会按照身高由高到低的顺序让学生们进行排序站队,或者在一些比赛中,根据选手的得分从上到下进行排名。因此,掌握一种排序方法,对于我们是非常有帮助的。

想一下,如果我们把以上提到的学生们的身高、比赛选手的成绩等数字进行排序,可以使用什么办法呢?

冒泡排序是计算机科学领域的一种较简单的排序算法。这个算法的名字由来是因为越小的元素会经由交换慢慢“浮”到数列的顶端(升序或降序排列),就如同碳酸饮料中二氧化碳的气泡最终会上浮到顶端一样,故名“冒泡排序”。

探究

说到排序,那么这个过程中一定存在比较大小,这里面是否存在前一课所学的“打擂台”呢?

答案是肯定的。只不过我们只进行一轮“打擂台”是不够的,它只能将最大或最小的数找出来。冒泡排序是通过进行多次的“打擂台”,最终实现升序或降序排序的。

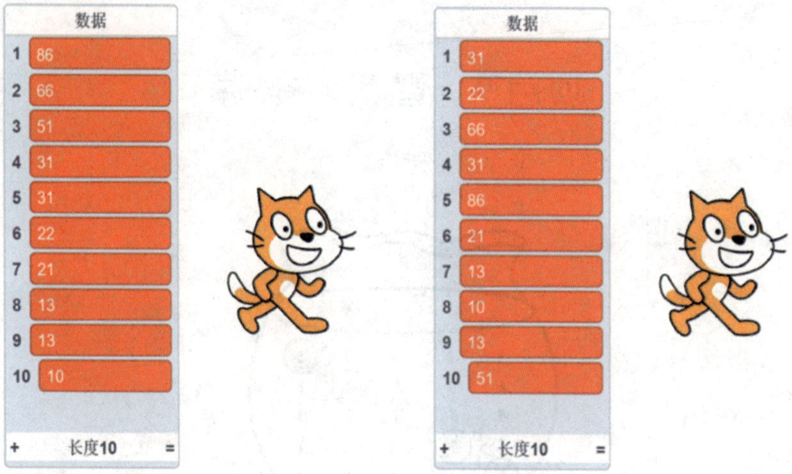

建模

“冒泡排序”可以简单理解为一队人“比身高”，假设一共有 5 个人，第 1 轮，第 1 个人和第 2 个人进行比身高，如果比第 2 个人矮，那么就和他交换位置，否则保持原位置不动；紧接着第 2 个人和第 3 个人比身高，如果第 2 个人比第 3 个人矮，则交换位置，否则保持不动；依次类推，在经过 4 次两两比较之后，站在第 5 位也就是最后 1 位的人，就是当前 5 个人中，最矮的同学。接下来，进入第 2 轮，我们只需要重复刚才的过程，将剩下的前 4 个人，进行两两比较，得到这 4 个人中的最矮的 1 位，以此类推，每一次都能得到当前剩余人数中最矮的 1 位。

那么经过 4 轮，我们就将这 5 个人按照从高到低的顺序，成功排序。我们再来总结一下规律：第 1 轮，5 个人需要两两比较 4 次，第 2 轮 4 个人，需要两两比较 3 次，第 3 轮，3 个人，需要两两比较 2 次，第 4 轮，2 个人需要两两比较一次。我们可以发现，第几轮和需要两两比较的次数，是存在联系的。即第 x 轮，需要两两比较 $5-x$ 次，而 5 就是我们需要排队的人数，假设换成“10”“13”等任意数字都是可以的，排序过程如下图流程所示。

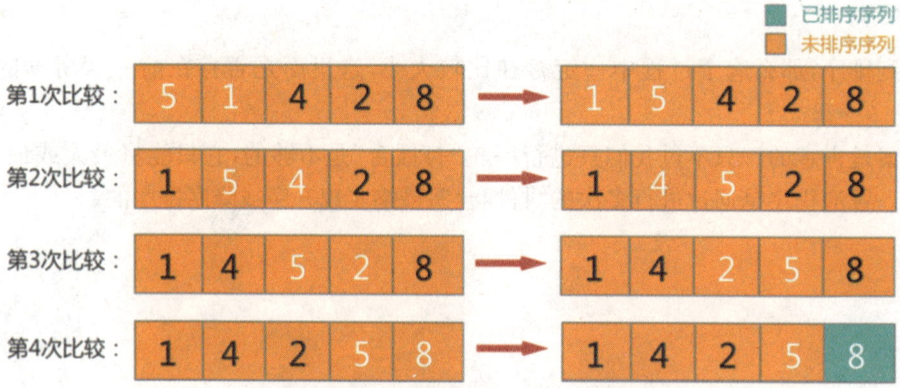

第一轮排序(白色字体表示参与比较的一对相邻元素)

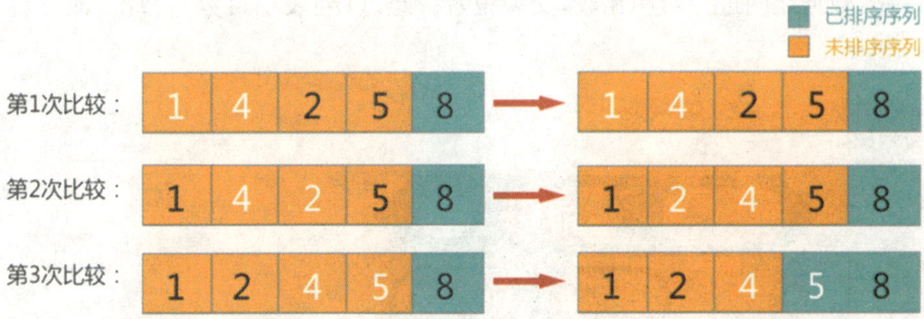

第二轮排序

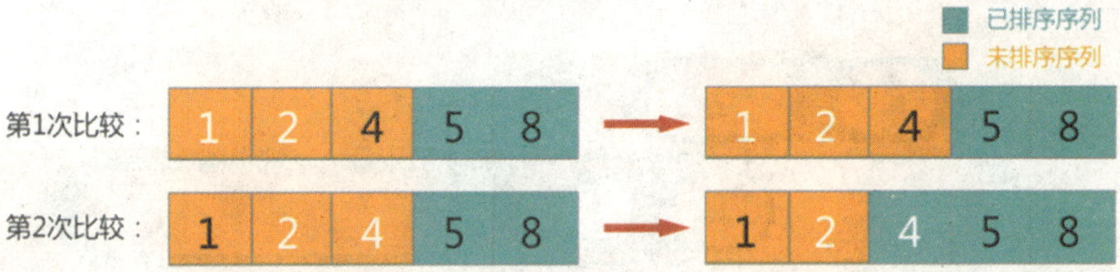

第三轮排序

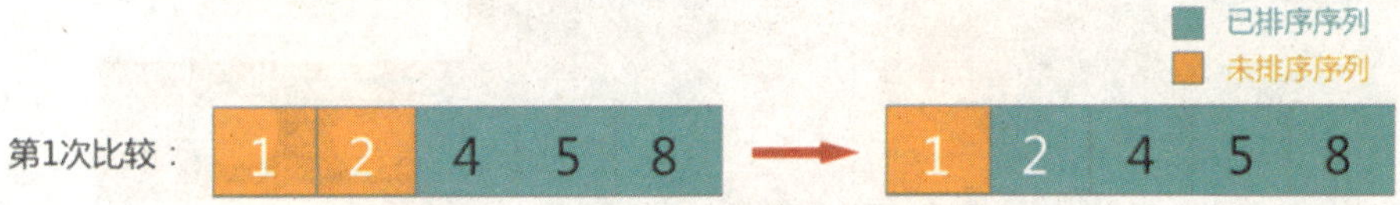

第四轮排序

冒泡排序好的序列

编程

第一步:新建一个列表并随机添加 10 个数据。

第二步：数据之间进行两两比较，交换位置。经过（列表项目数 - 1）次，即可实现冒泡排序。

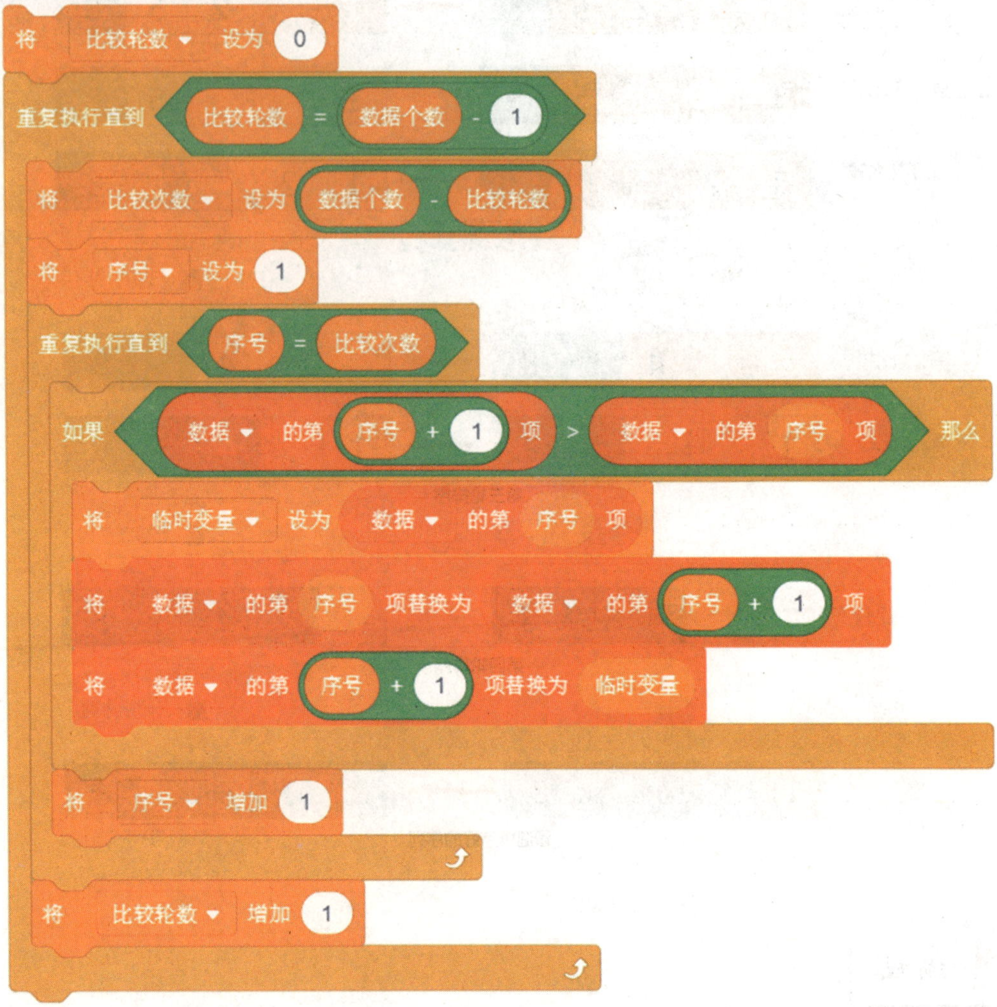

体验

扫一扫：扫描下方二维码体验程序。

拓展

我们可以在每次交换数据的过程中添加一个“等待 1 秒”来观察数据交换的过程。

反思

本项目重点学习循环的嵌套，变量的交换与列表的相关运用。尤其是内外循环之间的逻辑关系，要加深理解哦！

项目 10 哥德巴赫猜想

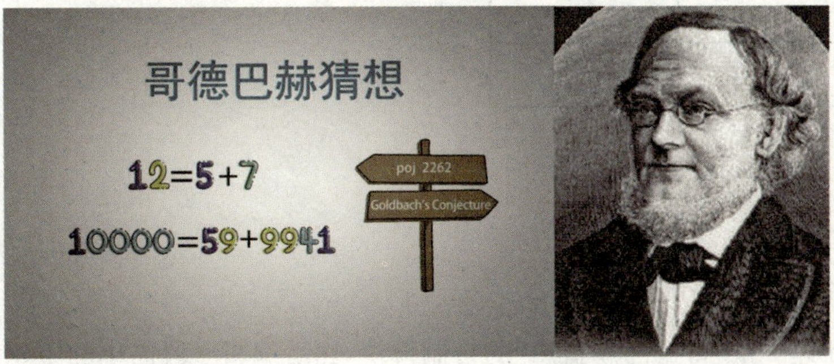

情境

哥德巴赫是德国著名的数学家。1742 年，在给欧拉的信中，哥德巴赫提出了以下猜想：任意一个大于 2 的偶数都可写成两个质数之和。但是哥德巴赫自己无法证明它，于是就写信请教赫赫有名的大数学家欧拉帮忙证明，但是一直到死，欧拉也无法证明。

探究

这个问题不难理解，我们需要编写程序，对于输入任意一个大于 2 的偶数，都可以把它分解成两个质数之和，并输出这个加法算式。这里需要用到“判断质数”的知识。我们来回顾一下，质数是指对于任何一个大于 1 的自然数，除了 1 和它本身之外，不再含有其他的因数，这样的数就是质数。

建模

对于任何一个大于2的偶数，我们先把它分解为两个部分：数1和数2，设定其中一个数的初始值为2，另一个数为偶数减去2。

我们枚举所有（数1＋数2）的情况，在这个过程中，我们重复判断这两个数是否同时为质数，如果是输出整个算式。为了让程序更为简洁明了，我们使用自制积木来把问题分解为两个部分：判断质数与验证哥德巴赫猜想。

偶数	
数1	数2
2	偶数-2
3	偶数-3
4	偶数-4
……	……
偶数-2	2

这里一定有一组数1、数2同时为质数

编程

第一步：新建一个“哥德巴赫猜想”的自制模块，然后编写一段简单的主要程序。

第二步：定义“哥德巴赫猜想”的模块。这也是程序中最重要的一段函数的定义。搞清楚其中的逻辑是非常必要的。

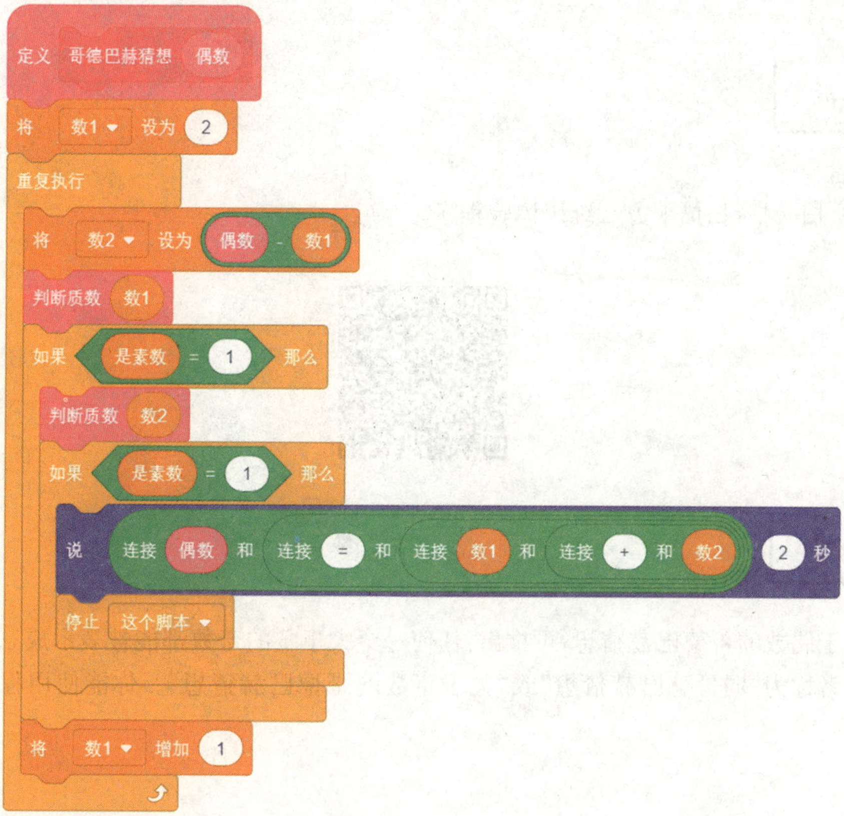

第三步：在自制模块“哥德巴赫猜想”中添加了新的自制积木“判断质数”。因此，我们需要对“判断质数”进行新的定义。

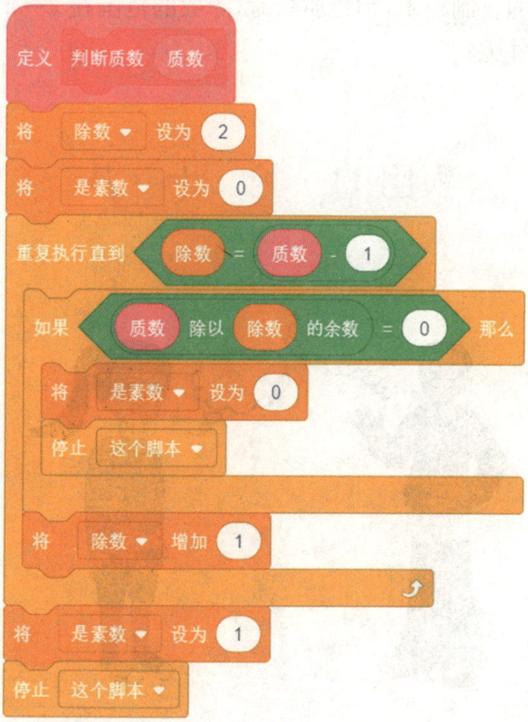

体验

扫一扫:扫描下方二维码体验程序。

拓展

从关于偶数的哥德巴赫猜想,可推出:任何一个大于 7 的奇数都能被表示成三个奇质数的和。后者称为“弱哥德巴赫猜想”或“关于奇数的哥德巴赫猜想”。你能使用程序来验证它吗?

反思

认真理解判断质数的自制积木,判断质数时,除数的范围在 2～n 之间是比较耗时间的,有没有更节省时间的条件呢?

项目 11　抢　十　八

情境

“抢十八”是我国民间一直流传的一个数字游戏。像数数一样,参与游戏的两个人从1开始进行轮流报数,每人每次能报1或2两个数。先报到18的人获胜!

探究

大家可以先试一试玩一下这个游戏。然后我们一起思考:在这个游戏中取胜的秘诀是什么呢?我们知道对于甲乙两人,每人只能报1或2两个数,那么甲报完数后,乙可以控制一轮报数的结果是3,如果甲报1,那么乙可以报2。如果甲报2,那么乙可以报1,这样保证每一轮后报的乙都能将报数凑成3的倍数,乙即可获胜!因此这个游戏取胜的秘诀就是谁后报数,谁就能取胜。

建模

那么如何把这个过程转换成程序呢?

我们假设是人和计算机在玩这个抢十八的游戏。在这个过程中,计算机和玩家通过随机数来决定谁先报数。程序需要记录计算机和玩家累计所报数之和,我们可以设定一个变量为计数。计算机和玩家所报的数都累加到变量“计数”上。例如:计算机先报数,玩家后报数,如此循环下去直到计数到达18。

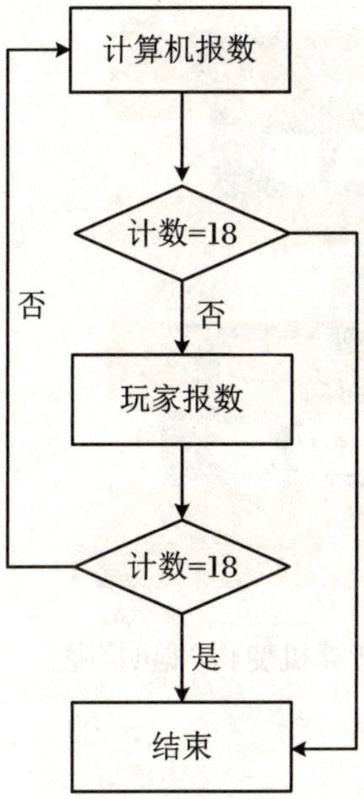

那么计算机和玩家分别是如何报数的呢？

我们先看玩家是如何报数的。在玩家报数的过程中，我们要限定玩家所报的数是1或2，如果玩家输入的数不正确，需要玩家重新报数。然后将玩家报数累加到“计数”上。

为了让计算机“更聪明”，计算机报数的时候，我们设定计算机根据玩家的报数来报数，使得计算机报出能累加为3的倍数的计数。我们可以求计数与18之间的差除以3的余数来确定要报的数。

编程

第一步：使用自制积木来编写主要程序的框架。

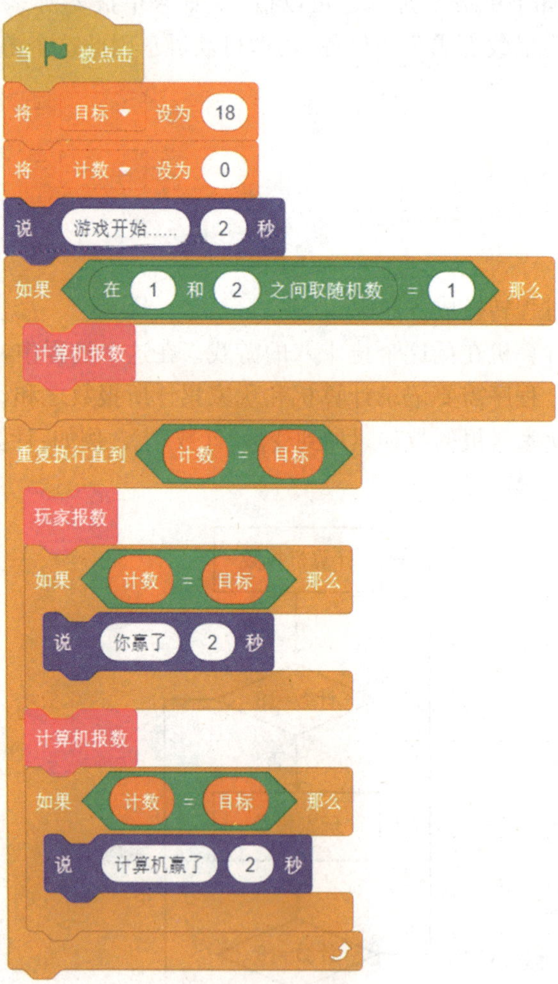

第二步：计算机报数。如何让计算机变得“聪明”呢？

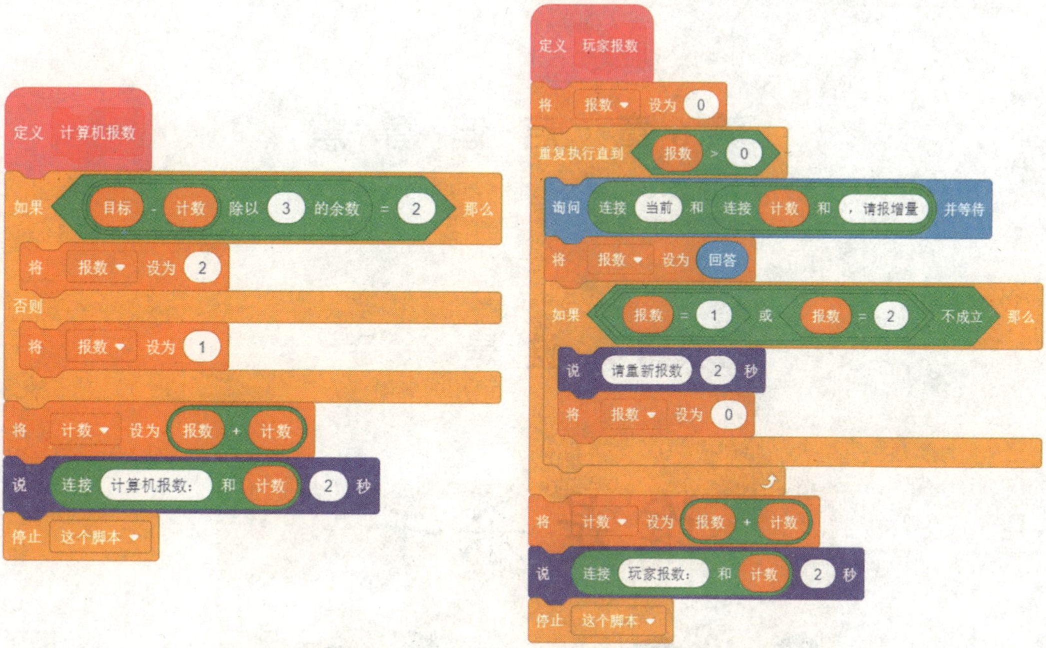

第三步：玩家所报的数需符合要求，大于0且数值为1或2。

体验

扫一扫：扫描下方二维码体验程序。

拓展

根据这个原理，我们如何设计“抢二十四”“抢十六”等游戏呢？

反思

本项目中，我们要重点理解计算机和玩家报数的先后逻辑。多看一看代码，自己多做尝试。

第 6 章　启 迪 智 慧

项目 1　谁 是 杀 手

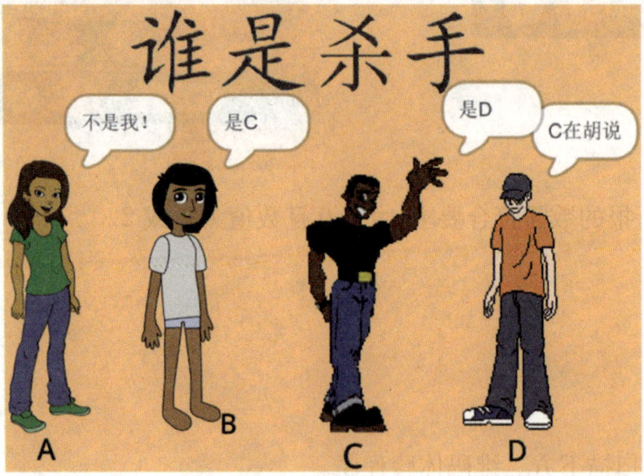

情境

我们在影视剧中看过侦探破案的情节。根据犯罪嫌疑人的供述，通过案情分析，最终锁定犯罪分子。我们今天根据几个犯罪嫌疑人的供述，运用程序的手段来找出犯罪分子。

例如：有 A、B、C、D 4 个嫌疑人，他们每人供述了一句供词，但这 4 个人中有一个人是说谎的。请问谁是凶手呢？

A 说：我不是杀手。

B 说：C 是杀手。

C 说：D 是杀手。

D 说：C 在说谎。

探究

面对这种逻辑推理的问题，我们可以用假设法来解决。分别假设A、B、C、D是杀手，推断说谎的是否是一个人。或者我们分别假设A、B、C、D说谎，看看是否能推理出杀手或者几个供述之中是否存在矛盾。

程序中如何来推导出谁是真正的杀手呢？

建模

我们在学习变量的时候，学习过布尔类型的变量。布尔类型的变量有1和0两个数值。判断条件为true时，布尔值为1，判断条件为false时，布尔值为0。

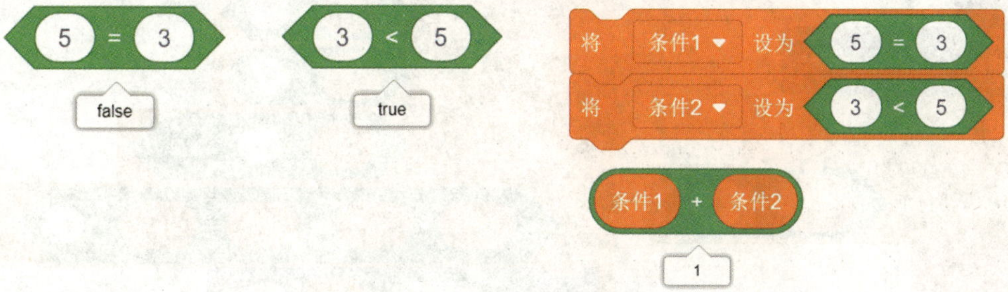

我们可以看到，不同的布尔类型的变量在一起进行运算时，是以1或0参与运算的，由此我们可以根据不同条件的成立与否来计算所有条件的布尔值之和。我们利用穷举的思想，分别假设4个人是杀手。我们先假设杀手是A，根据A、B、C、D供述的4句条件，我们计算它们的布尔值之和，并判断和是否是3。如果不是3，那么说明假设A是杀手不成立，我们继而假设B是杀手，再进行一次4句供述的条件布尔值之和是3，以此类推，最终我们就可以判断谁说谎了，谁就是杀手。

编程

第一步：新建4个角色，点击绿旗，每个角色各自陈述供词。

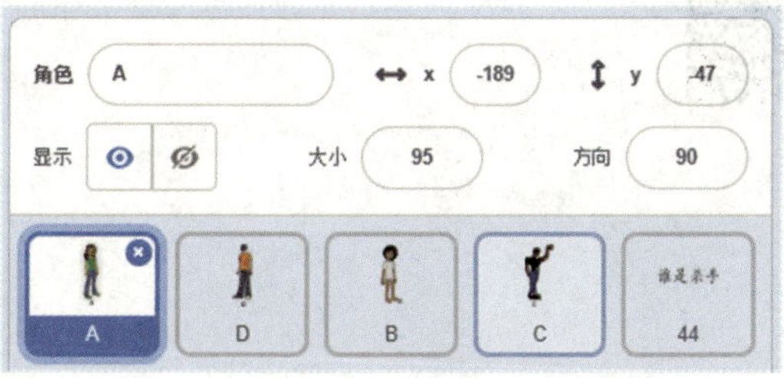

第二步：给按钮“开始”写脚本。

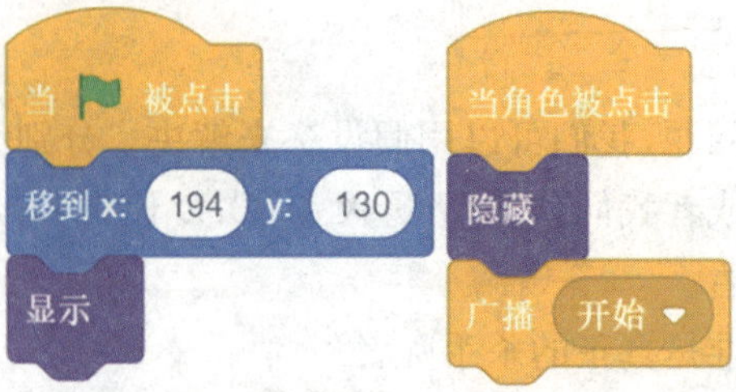

第三步：编写警察的脚本。其中的 1、2、3、4 分别对应 A、B、C、D 四位嫌疑人。

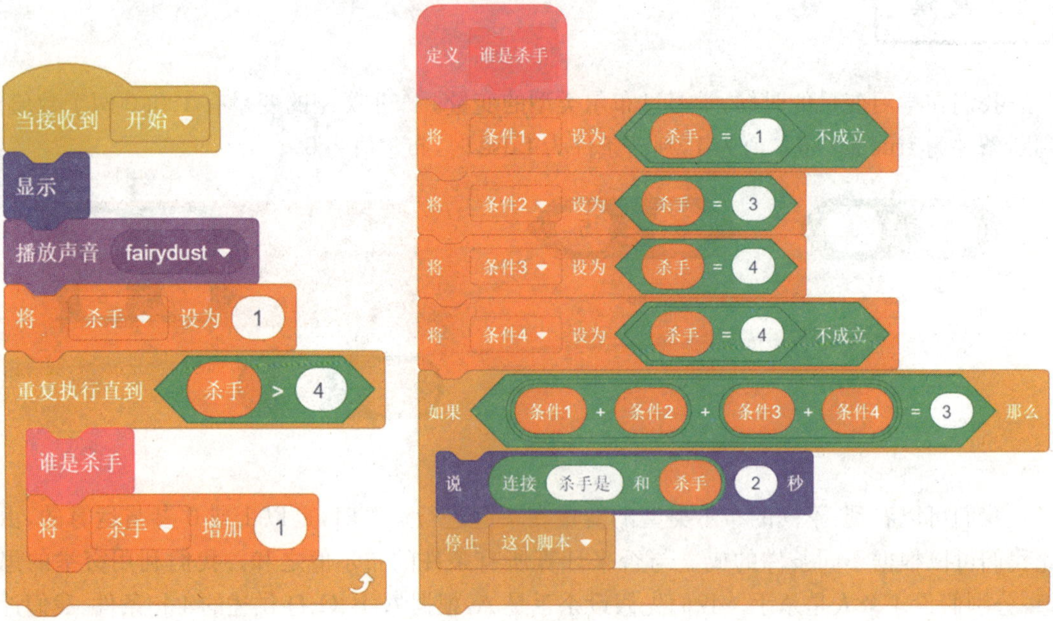

体验

扫一扫：扫描下方二维码体验程序。

拓展

我们还有哪些办法推断出杀手呢？

反思

本案例解决的是一个非常抽象的逻辑推理问题，难点在于我们能从问题中提炼出编写程序需要的条件。

项目2 斐波那契数列螺旋线

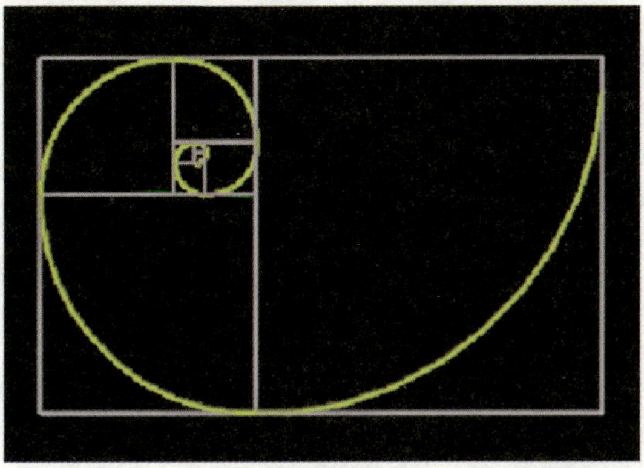

情境

斐波那契数列，又称黄金分割数列，因数学家莱昂纳多·斐波那契(Leonardo Fibonacci)以兔子繁殖为例子而引入，故又称为“兔子数列”，指的是这样一个数列：1，1，2，3，5，8，13，21，34，……斐波那契数列在现代物理、准晶体结构、化学等领域都有直接的应用。在自然界中也有很多事情跟斐波那契数列有关系。

斐波那契螺旋线，也称“黄金螺旋”，是根据斐波那契数列画出来的螺旋曲线，自然界中存在许多斐波那契螺旋线的图案，是自然界最完美的经典黄金比例。作图规则是在以斐波那契数为边的正方形拼成的长方形中画一个 90°的扇形，连起来的弧线就是斐波那契螺旋线。

探究

我们来思考两个问题：

1. 如何循环绘制以斐波那契数列为边长的若干个正方形呢？这些正方形如何拼成大的长方形？

2. 如何连贯地在这些正方形中绘制一个 90°的扇形呢？

解决了这两个问题，我们就能顺利地绘制出斐波那契螺旋线。

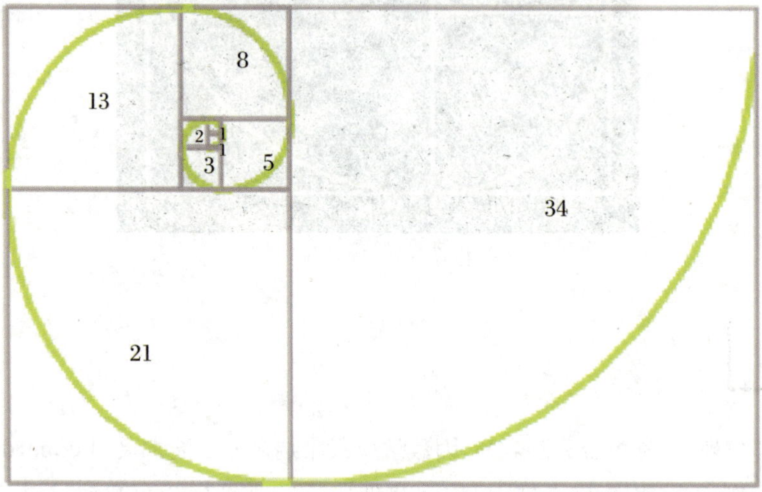

建模

我们来观察一下斐波那契数列的前 9 项：

1,1,2,3,5,8,13,21,34……

我们发现自第 3 项起，每一项的数值等于前面 2 项之和。从上面的图中，我们可以看到正方形的边长与斐波那契数列之间的关系。

我们先来解决绘制正方形的问题：

在之前学习过利用循环绘制正方形，这里有两个问题：一是这里的每一个正方形的绘制起点是不一样的，关于每一个正方形的起点，我们能从中找到什么规律呢？二是正方形的边长在不断变化，我们可以用变量来实现这个问题。

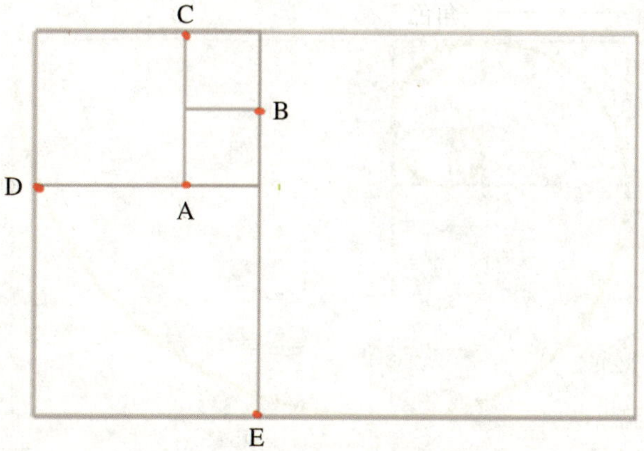

通过思考我们发现，在绘制正方形时，将每个正方形的绘制起点设定为如图中的 A、B、C、D、E 比较方便。这之间的规律是起点移动到对角的端点作为绘制下一个正方形的起点。例如 A 是第一个正方形的起点，A 的对角的端点 B 就是绘制第二个正方形的起点。所以绘制完正方形需要移动画笔到下一个起点，程序中，我们可以利用移动、旋转、再移动来实现。

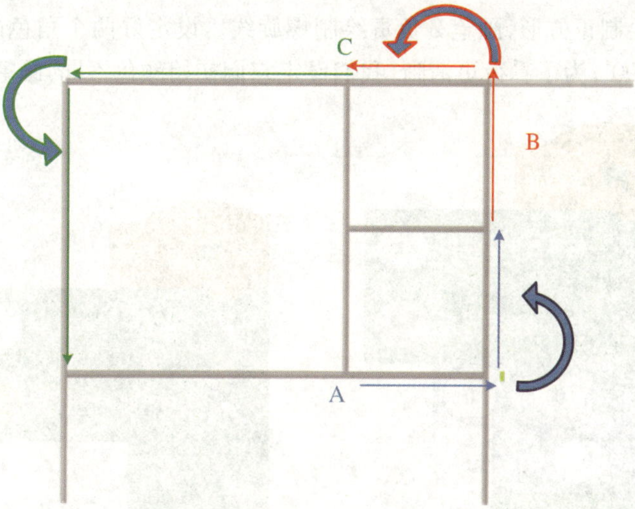

起点的移动

我们再来解决绘制圆弧的问题：

斐波那契螺旋线实际上是由不同边长决定的四分之一圆弧连接起来构成的。所以，每次绘制完正方形，我们可以通过广播的形式来通知另一个画笔角色来绘制圆弧。角色在绘制圆弧时实际上方向变化了 90°，所以总的旋转角度是 90°。角色在起点一边移动，一边旋转就能绘制出圆弧，但要保证圆弧刚好和正方形的边相切，需要我们调整移动的数值，并且这个数值是跟边长有关的。

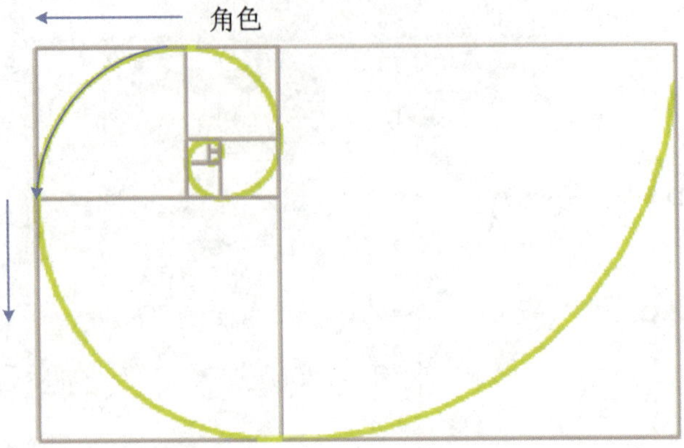

编程

第一步:我们新建两个角色作为画笔,角色可以是空白的画布。分别命名为画笔1和画笔2,画笔1负责绘制正方形,画笔2负责绘制螺旋线。设定好两个角色的初始位置为舞台中心、初始方向为90°,为了看得更清晰,我们设定它们初始颜色不同,画笔粗细不同。

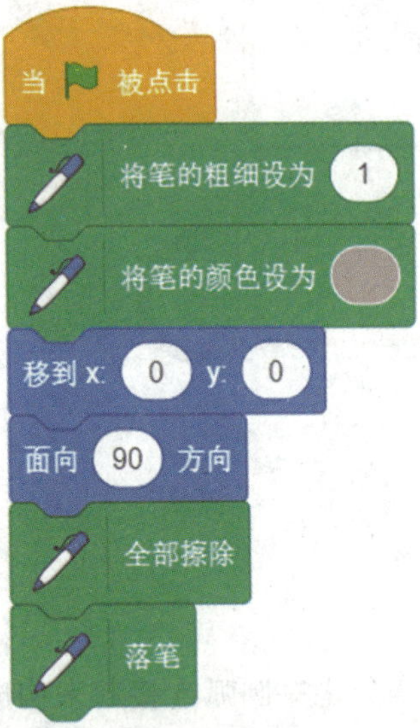

画笔1初始状态

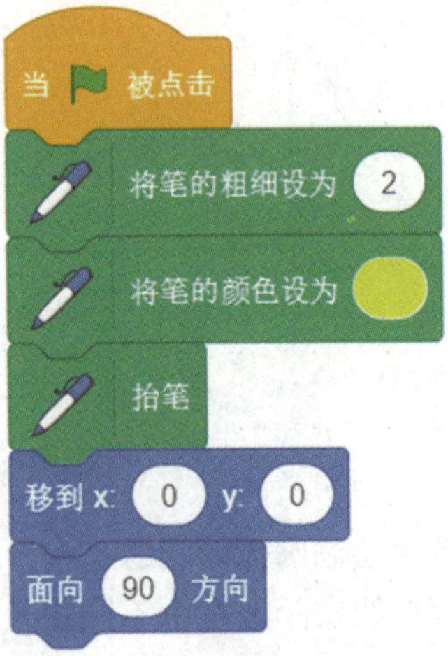

画笔2初始状态

第二步:新建4个变量——斐波那契数列的前两项 $a1$、$a2$,边长,由于前几个数值较小,我们设定一个"放大比例"的变量。然后画笔1绘制正方形,移动到新起点,计算下一个正方形的边长。继续重复以上事件。

主要框架

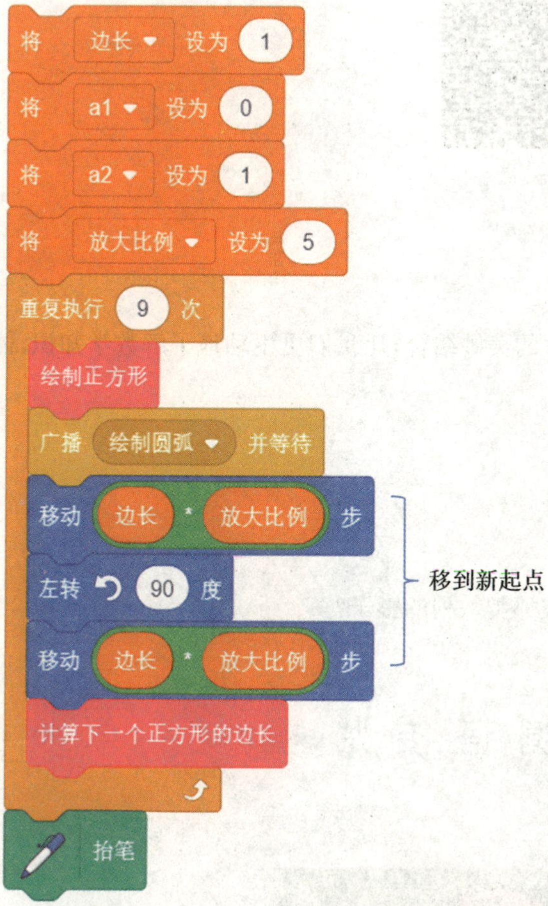

第三步：画笔 2 的脚本，绘制螺旋线。

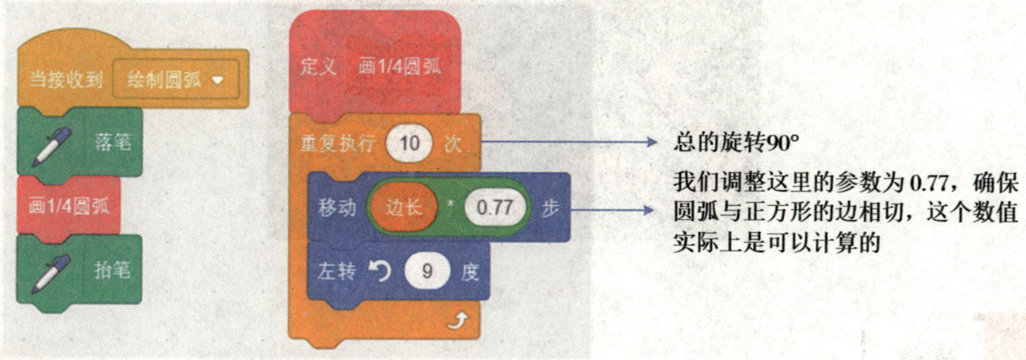

体验

扫一扫：扫描下方二维码体验程序。

拓展

我们利用程序巧妙地展现了数学和艺术的美妙结合，让我们更生动地了解数学知识，体验数学与程序的魅力。

反思

你在日常生活中的哪些地方见到过斐波那契数列的影子？

项目3 词语接龙

情境

词语接龙是中华民族传统的文字游戏，不仅有着悠久的历史和广泛的社会基础，同时还是体现我国文字、文化、文明的一个缩影，是老少皆宜的民间文化娱乐活动。词语接龙规则多样，大家一般熟知的是采用词语字头与字尾相连不断延伸的方法进行接龙；因为词语接龙是作为一种广泛开展的群众性竞争游戏出现的，所以它应该有一个权威、严密的规范方法，以体现游戏的公平、公正，使佼佼者脱颖而出。

探究

程序功能：编写一个词语接龙的程序，前一个词语的最后一个字是下一个词语的第一个字。如果输入不符合要求，停止程序。

建模

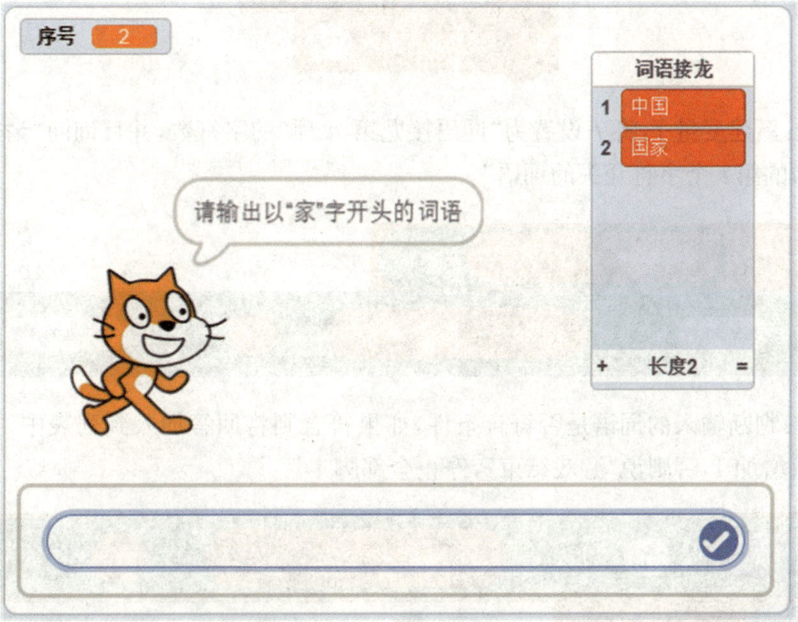

从键盘输入词语之后，把数据存入词语接龙列表中直到前一个词语的最后一个字是下一个词语的第一个字。如果输入不符合要求，停止程序。

编程

第一步：默认小猫角色，建立一个名为“词语接龙”的列表用来存放输入的词语。建立一个变量记录得分。

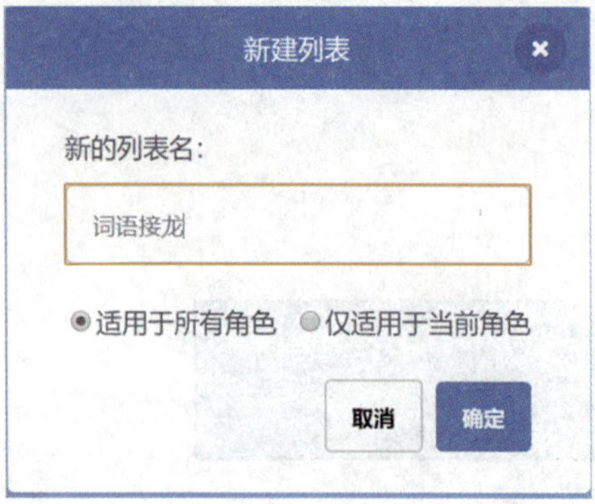

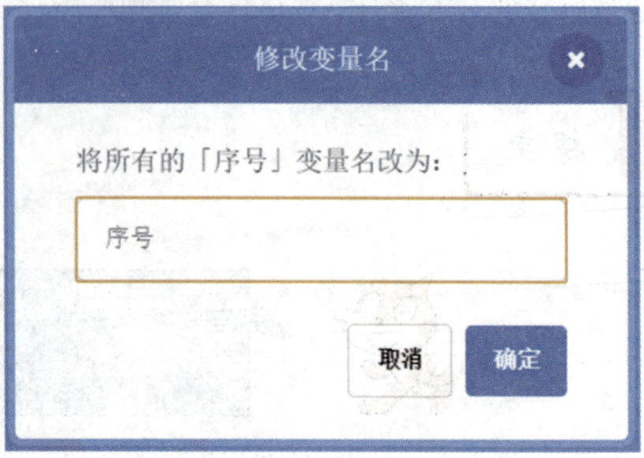

第二步:将第一个词语设置为“中国”,并且加入到列表“词语接龙”中,并且将序号的初始值设为1。

第三步:新建变量 t,将 t 设置为“词语接龙第 n 项”的字符数,并且询问“请输入以词语接龙第 n 项的第 t 个字符开头的词语”。

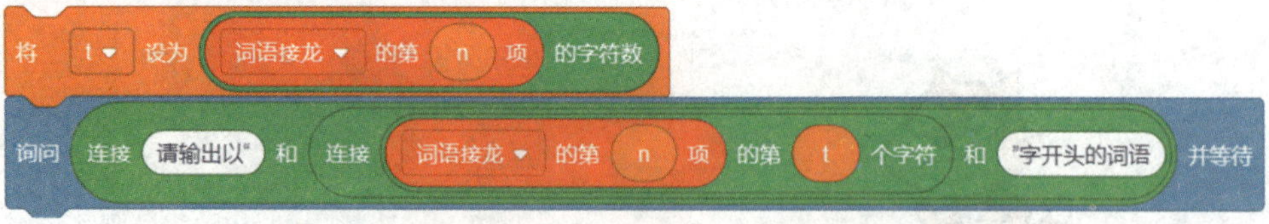

第四步:判断输入的词语是否符合条件,如果符合则将回答加入到列表中,播放声音并且将 n 的值增加1,否则说“游戏结束”,停止全部脚本。

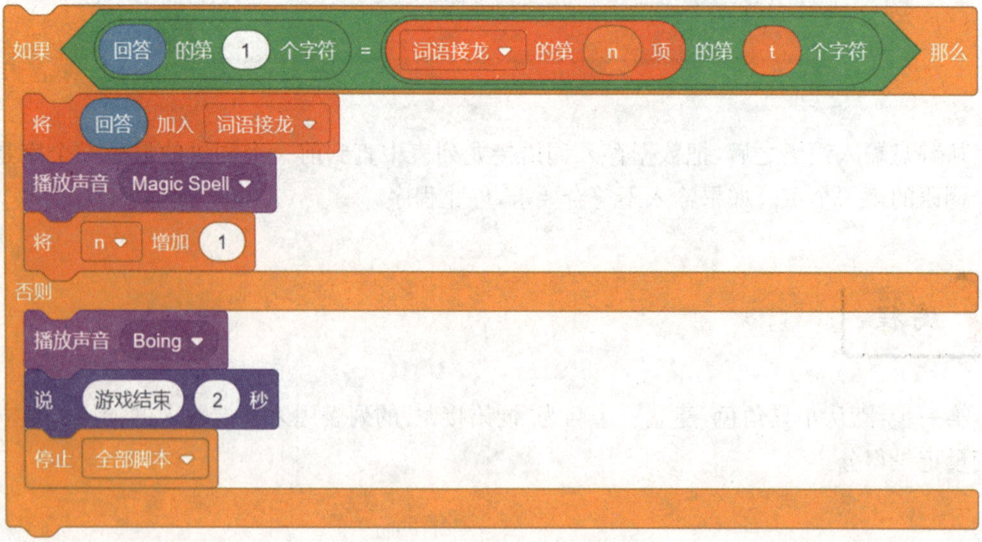

第五步：添加“重复执行”“当绿旗被点击”以及初始化列表指令，构成完整的程序。

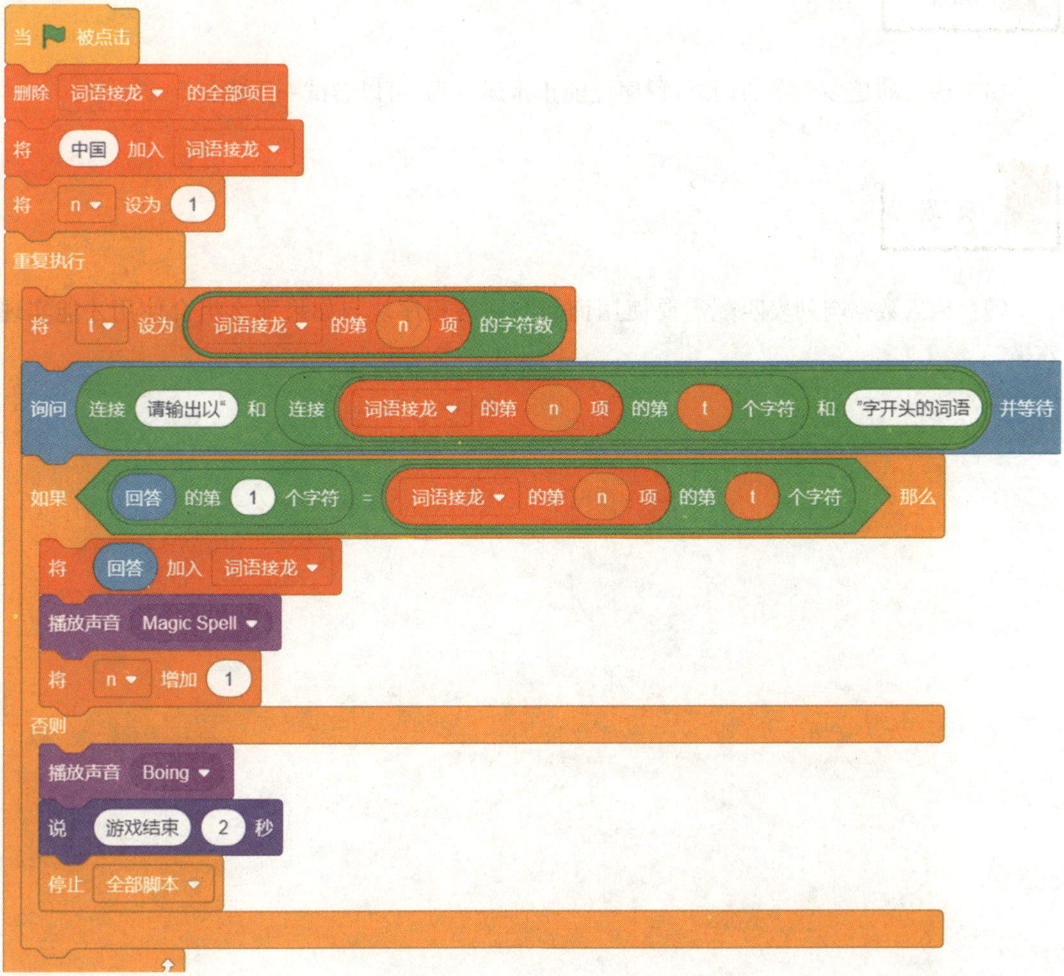

体验

扫一扫：扫描下方二维码体验程序。

拓展

如果输入的是多个字的词语，程序还能正常运行吗，可以尝试一下哦！

反思

键盘输入数据与列表匹配需要使用询问与回答程序块与如果那么组合使用才能实现效果。

第7章　人工智能

项目1　扫地机器人

情境

扫地机器人，又称自动打扫机、智能吸尘器、机器人吸尘器等，是智能家电的一种，能凭借人工智能，自动在房间内完成地板清理工作。一般采用刷扫和真空方式，将地面杂物先吸纳进入自身的垃圾收纳盒，从而完成地面清理的功能。一般来说，将完成清扫、吸尘、擦地工作的机器人，也统一归类为扫地机器人。

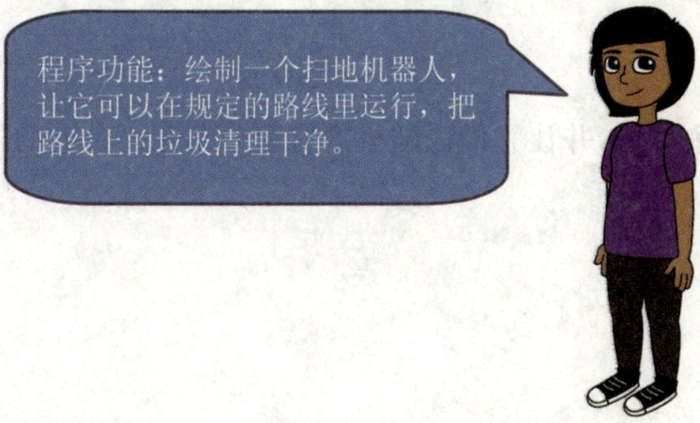

探究

如何让机器人自动向前移动，并且碰到左右边缘会转向呢？

建模

给机器人绘制两个不同颜色的小眼睛，通过左右不同颜色的小眼睛碰到边缘后就可以控制旋转了。

编程

第一步：绘制多个背景，给每一个背景添加不同的路线。绘制两个角色：机器人和垃圾并给垃圾添加几个不同的造型。

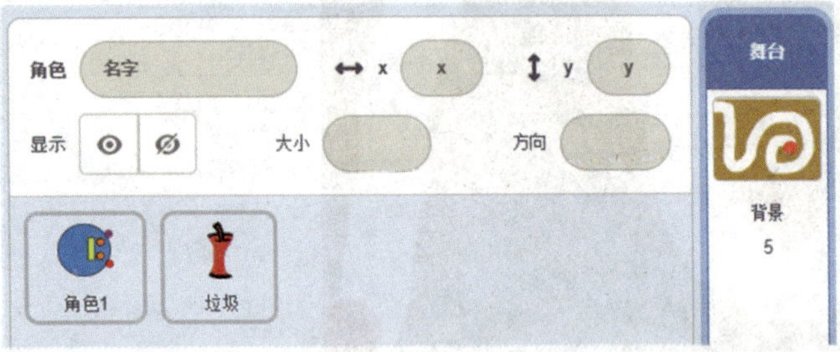

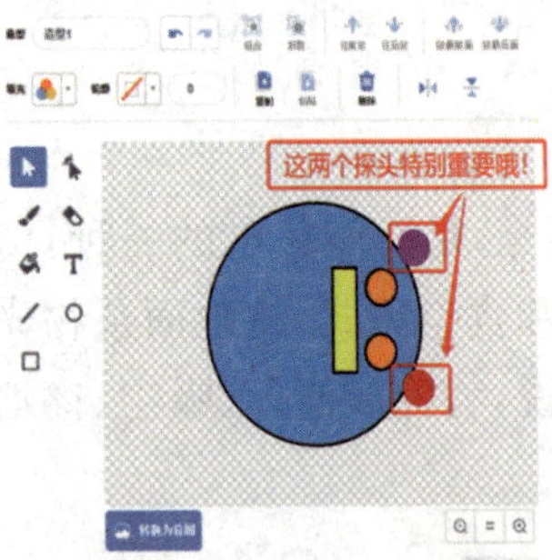

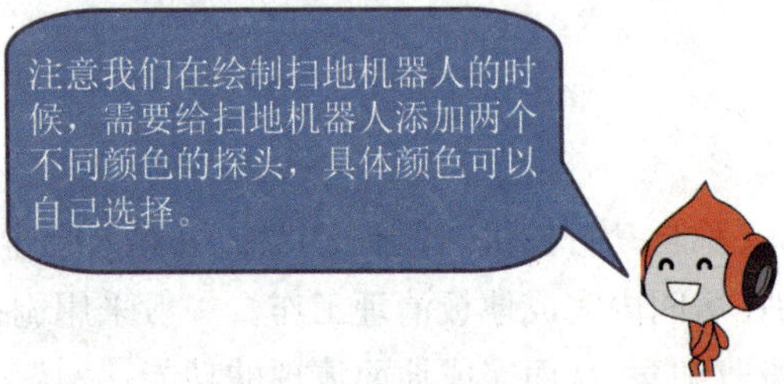

背景路线

第二步：克隆10个垃圾，并让它们以随机的造型分布在舞台上的随机位置。

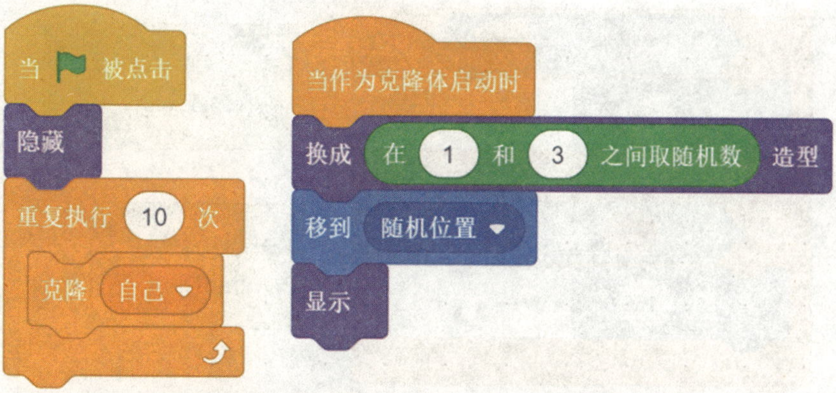

第三步：由于设定不同背景的道路入口都是在同一位置，所以给扫地机器人设定初始位置在道路的入口处。同时，通过扫地机器人的探头来实现道路的侦测和扫地机器人的转向。

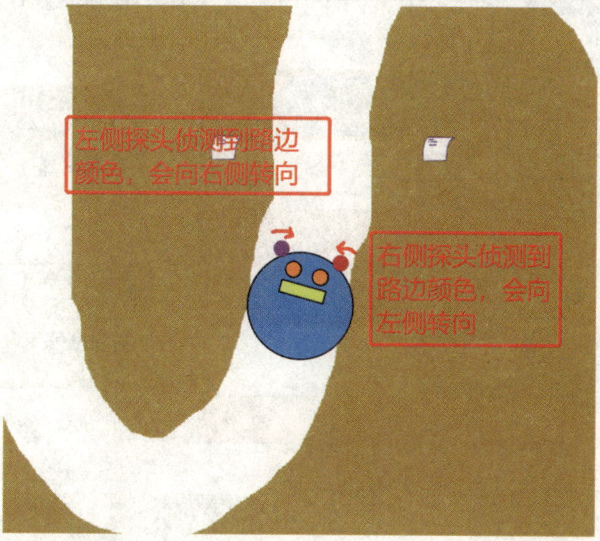

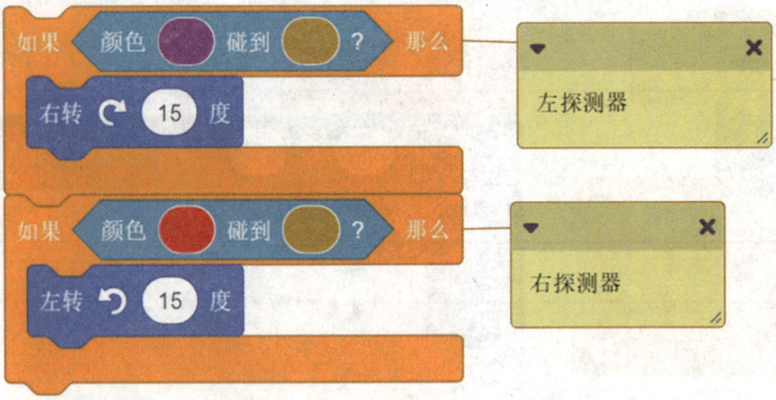

第四步:扫地机器人如果碰到每个背景的终点就广播“换地图”,背景切换到下一个背景,机器人并回到道路的入口。将每一个背景的终点设定一个红色的标记,如果机器人碰到红色标记即为到达终点。这样机器人就能在每一个地图的起点和终点来回运动。我们使用循环来实现整个过程。

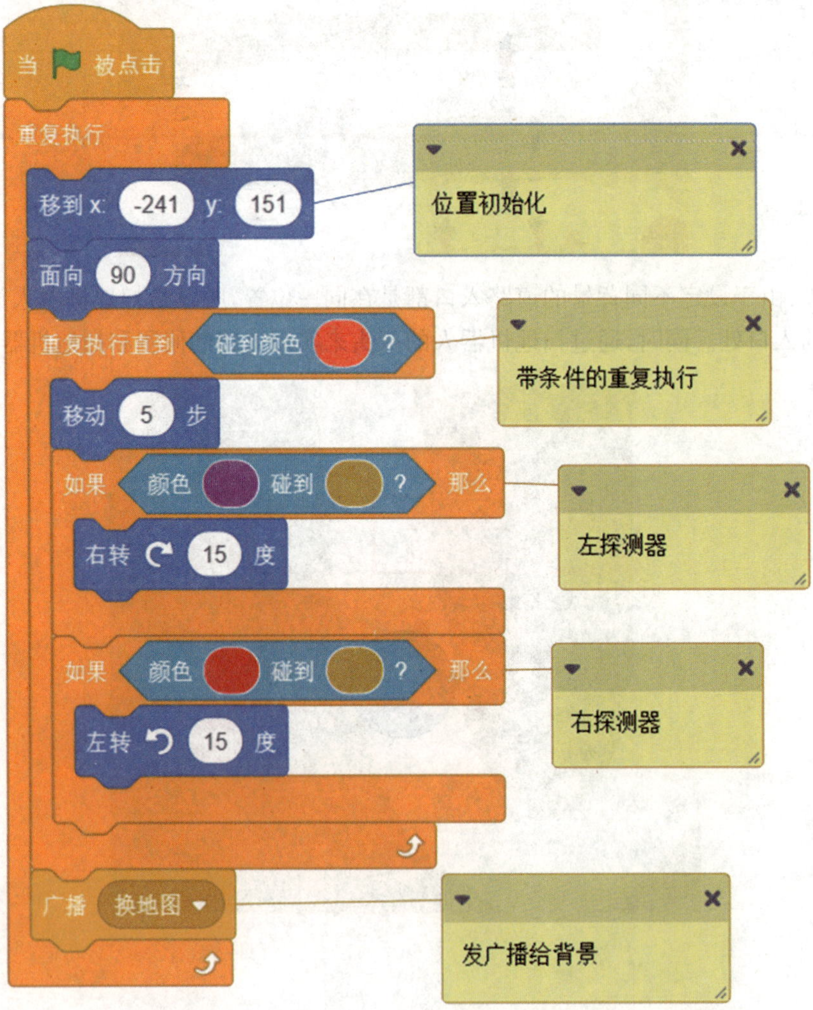

第五步：判断扫地机器人是否碰到垃圾，如果垃圾碰到扫地机器人就消失。

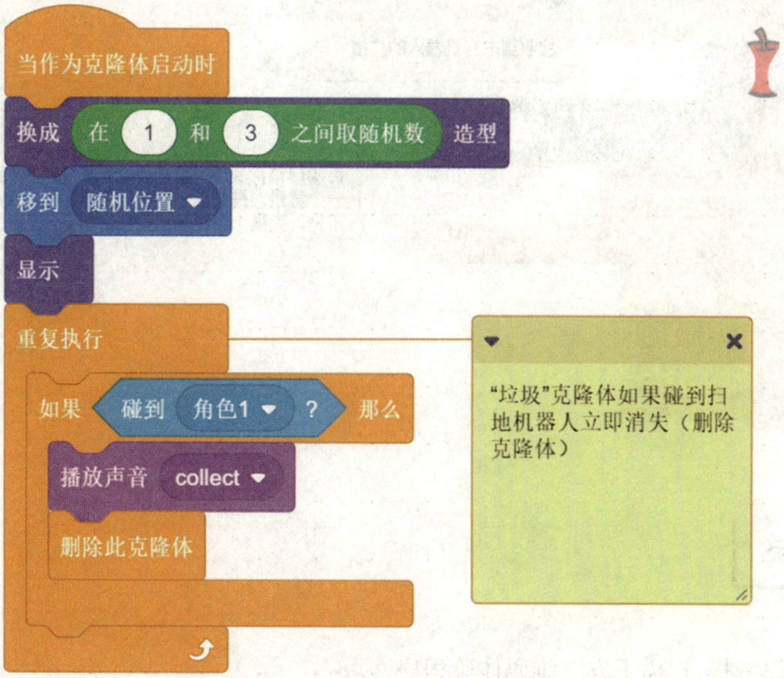

第六步：新建一个变量"垃圾数量"来存放机器人扫起的垃圾数。

第七步：设定背景接收到机器人发送的广播后，切换下一个背景的次数。直至最后一个背景后停止程序。

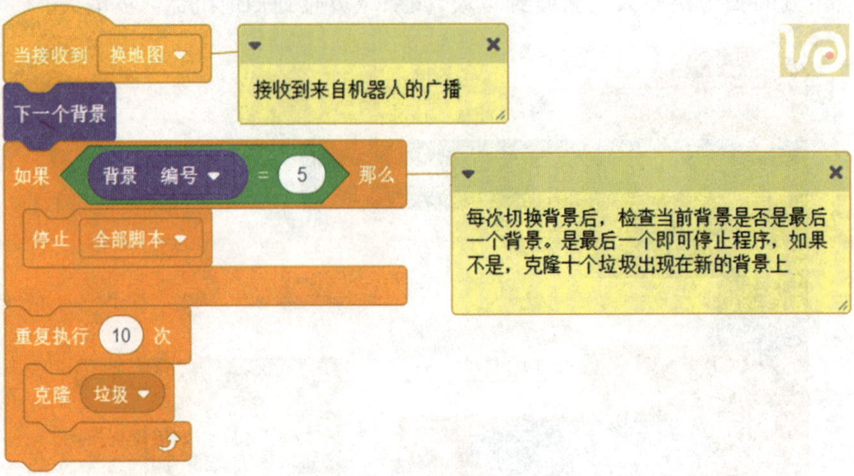

体验

扫一扫:扫描下方二维码体验程序。

拓展

绘制出更多不同的路线。

反思

思考一下如何让垃圾只出现在道路上。

项目2 自助蛋糕屋

情境

随着人工智能技术的发展，智能化的设备为我们的日常生活提供了越来越多的便利，例如自助加油站、自助售卖机、自助便利店等。在自助购物店，我们可以自由选择商品，自助进行结算。这节课，我们一起来通过程序模拟自助购买蛋糕的过程。

探究

在自助购物的过程中，我们的程序需要识别物品的种类和型号。然后将所选物品的价格累加到总价格里面，最后点击结算按钮，扫码支付即可完成整个购物过程。

建模

首先需要设定物品的价格，并建立一个“总金额”的变量和物品清单的列表，当物品作为角色被点击时，代表我们选择了该物品，Scratch 里面的列表提供了记录物品名称和价格的功能。只需要将被点击的物品名称加入到列表中，将该物品对应的价格加在总金额的变量上。

编程

第一步：新建若干个物品的角色，“重新选择”和“结账”按钮。“金额”变量和“购物单”列表 。

第二步：设定好物品的初始位置，点击物品，物品被克隆然后移动到购物袋，同时物品名称加入购物单，金额增加对应的价格。

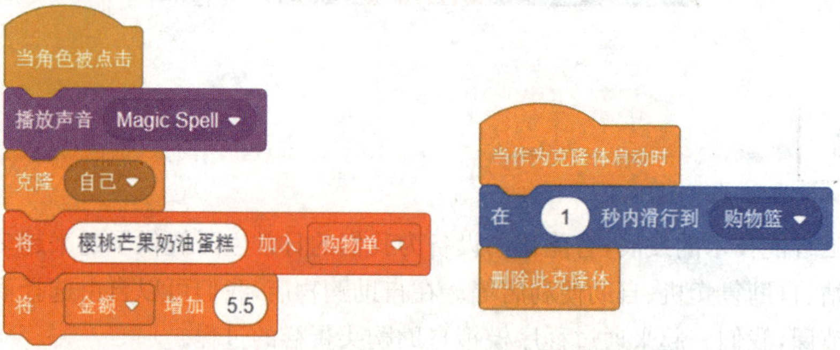

第三步：运用事件模块中的“广播”编写两个按钮的脚本。点击重新选择，清空列表，金额清零。点击结算，跳出支付二维码，不过这只是个用于测试的二维码。

点击结账按钮

体验

扫一扫：扫描下方二维码体验程序。

拓展

想一想整个程序还能否做得更丰富、更有趣呢？

反思

我们主要通过广播来连接不同角色之间的脚本，通过变量、列表来实现物品信息的保存和读取。你掌握了吗？

项目3 垃圾自动分类器

情境

垃圾分类的目的是提高垃圾的资源价值和经济价值，减少垃圾处理量和处理设备的使用，降低处理成本，减少土地资源的消耗，具有社会、经济、生态等几方面的效益。目前垃圾主要分为4类：可回收垃圾，厨房垃圾，有害垃圾，其他垃圾。本程序主要是为了让大家在趣味游戏中认识不同的垃圾种类，提升大家对于垃圾分类的重视。

现实生活中，我们很多人对于垃圾的种类并没有非常清晰的认识，甚至不知道如何区分垃圾，这给垃圾分类的工作带来一些难度。

随着科技的发展，如果有一台可以自动分拣垃圾的机器，这是不是一件很酷的事情呢？

探究

这个程序中需要解决这样几个问题：

1. 垃圾作为克隆体自右向左移动；
2. 检测垃圾；
3. 机械臂将垃圾移动到正确的垃圾桶。

建模

由于这些垃圾同属于一个角色的不同造型，因此，我们在造型的准备阶段就需要确定好，每一个造型属于哪一类垃圾。

作为克隆体启动的垃圾初始位置在舞台的最右侧，出场时需要随机选择造型（什么类型的垃圾）。同时，我们可以新建一个变量“类别”，根据垃圾的“造型编号”来设定“类别”的值是四种类型的哪一种。

根据对类别的判断，实现将垃圾移动到哪一个垃圾桶。

编程

第一步：添加角色——4个垃圾桶和垃圾，并给垃圾添加不同垃圾的造型。

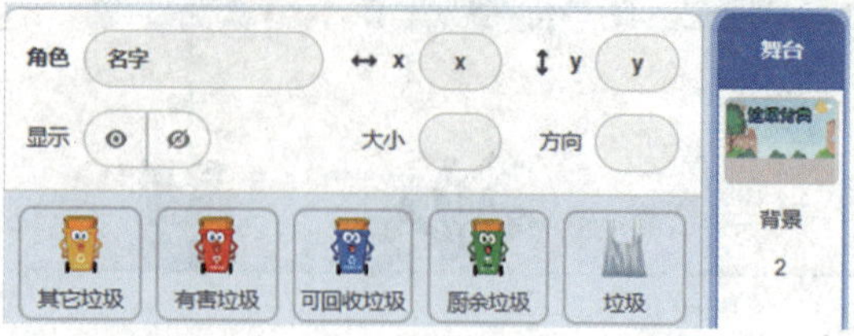

第二步:需要对垃圾的不同造型进行分类,搞清楚它们属于什么类型的垃圾,然后新建变量“类别”,通过随机选择垃圾造型来判断造型编号属于哪一类垃圾。

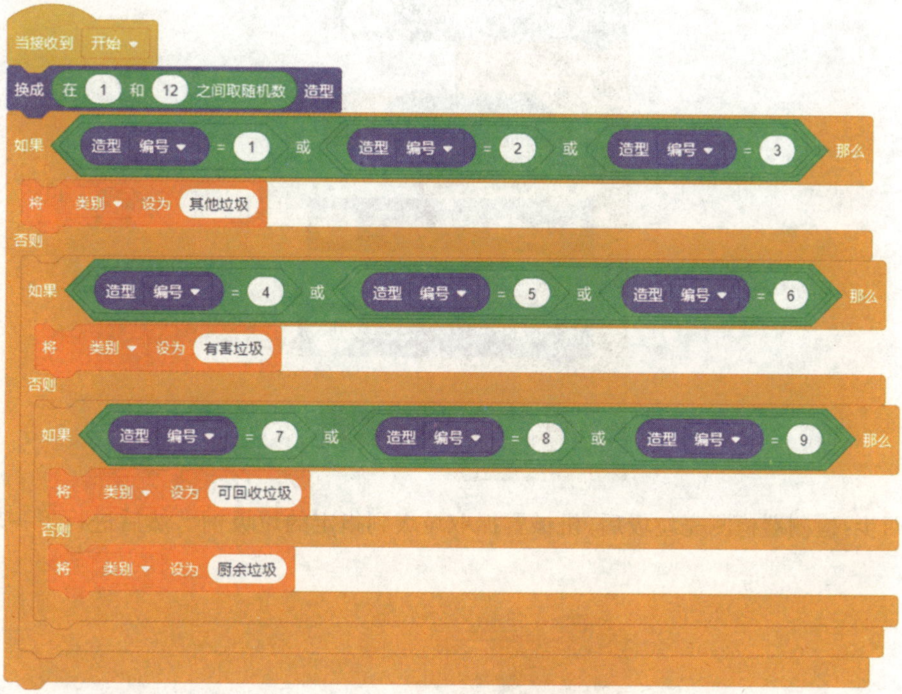

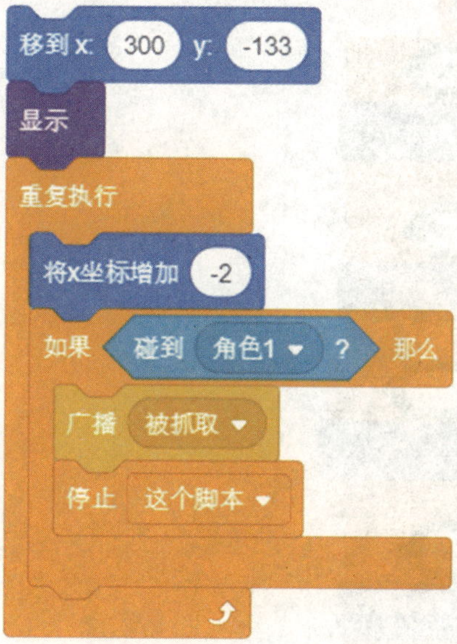

第三步:添加一个绿色检测线的角色,设定虚像特效为100,“隐藏”检测线,碰到垃圾,降低虚像值,显示检测线。

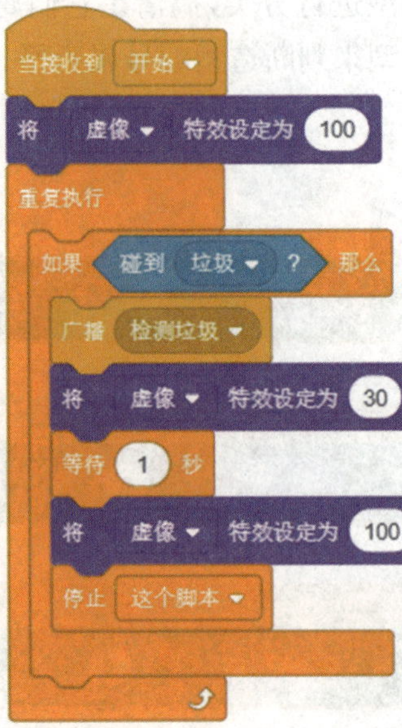

第四步:检测器检测完垃圾后,机械臂抓取垃圾到指定的垃圾桶。然后进行下一轮的垃圾传送。

体验

扫一扫:扫描下方二维码体验程序。

拓展

如果把这个程序改成玩家拖拽垃圾到对应垃圾桶,通过拖拽的是否正确进行得分的增加,你知道如何实现吗?

反思

本项目重点是学习如何利用变量的不同值对程序的各个结构进行不同的控制。需要多加以理解和运用。

项目 4 自动走迷宫

情境

如果把你置身在一个迷宫中,你能想办法找到出口吗?

今天,我们就编写一个自行探路的小程序。在一个迷宫中,把小球放在任意位置,它都可以自行找到迷宫的出口。听起来是不是很厉害!

探究

在这个程序中,我们要赋予小球聪明的大脑,让它自己能够寻找出口。

建模

我们今天从一种较为简单的,也是常见的办法入手,那就是“左(右)手法则”。在一张连通的迷宫图中,我们用左右任意一只手一直摸着墙就一定可以走出这个迷宫,也称为绕墙走算法(或摸墙算法),是一种迷宫搜索的初级算法。左手法则的关键点:

1. 走到墙边;
2. 监测左边是否有墙壁;
3. 监测前面是否有墙壁;
4. 左右转向。

我们需要新建3个自制积木:检测左边是否有墙、沿着左边的墙走,先走到墙边,检测前方是否有墙。

先走到墙边这个功能就是让角色一直沿着既定的方向前进,直到碰到墙壁。这里可以使用侦测中的“碰到颜色”积木来实现。

检测左边是否有墙,我们还要定义一个“挨着墙”的变量,如果左边存在墙壁,就将这个变量设为1,否则这个变量值就是0。

检测前方是否有墙,这个功能和判断左边是否有墙的方法一致,也需要添加“前边有墙”变量,用“碰到迷宫”为条件。当前进一步碰到墙壁,则说明前方存在墙壁,变量值为1,如果没有碰到墙壁,则说明前边没有墙壁,变量值为0。并退回到原处。

编程

第一步:添加角色——迷宫、小球和苹果,并将迷宫设定在舞台中心。

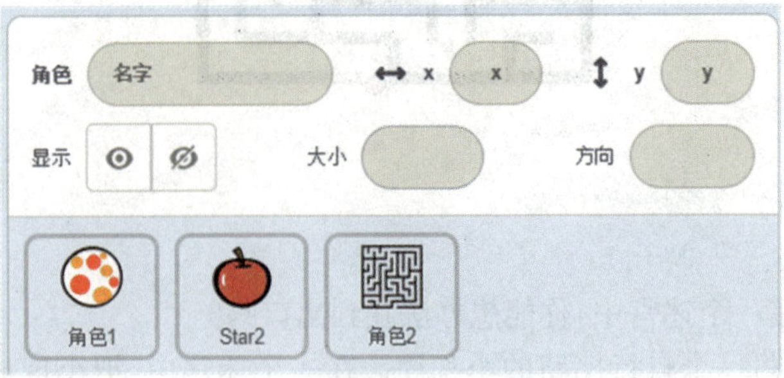

第二步：定义几个自制积木。

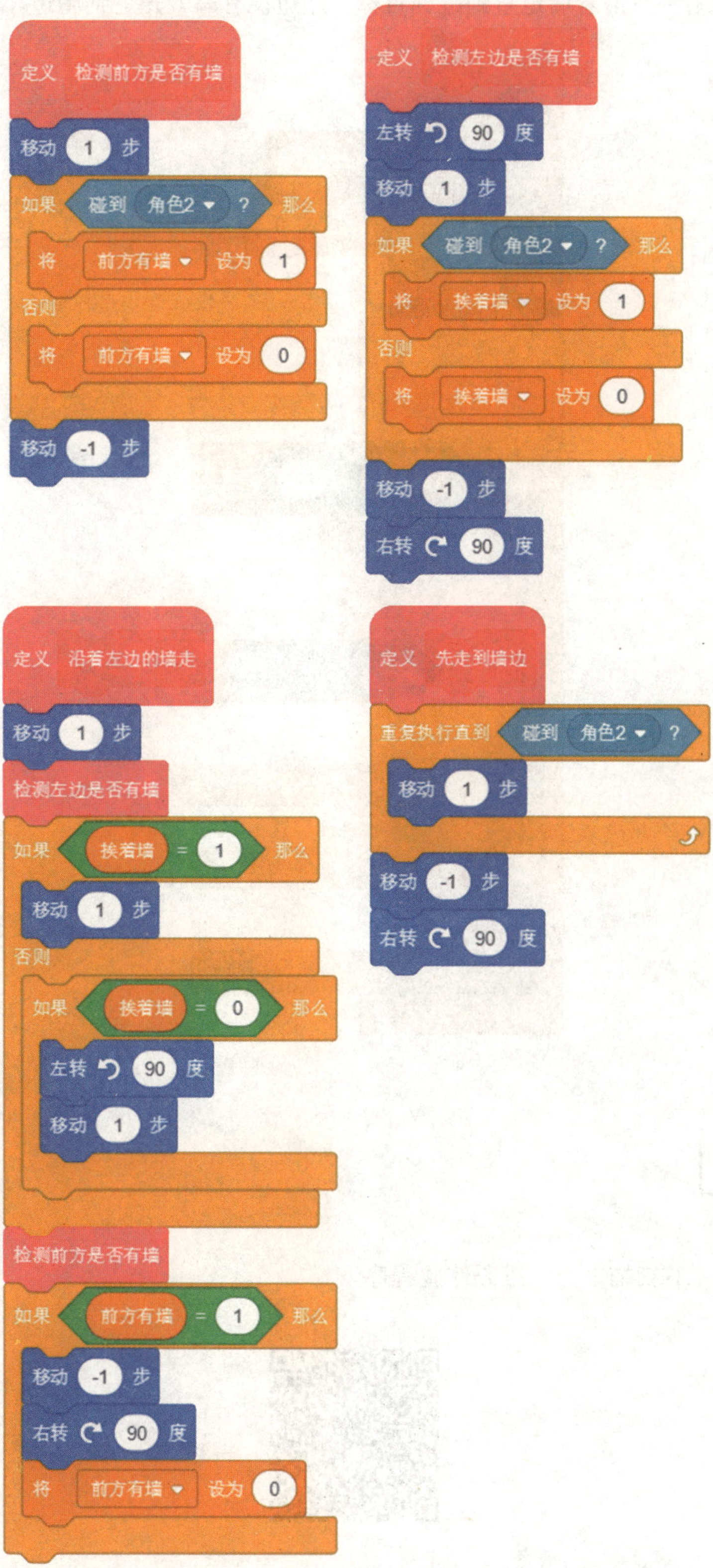

第三步：接下来，看一下主程序的代码部分。先将变量设为0，在大的循环中先检测左边是否有墙，如果有一直沿着墙走直到碰到目标。左边没有墙就先走到墙边。

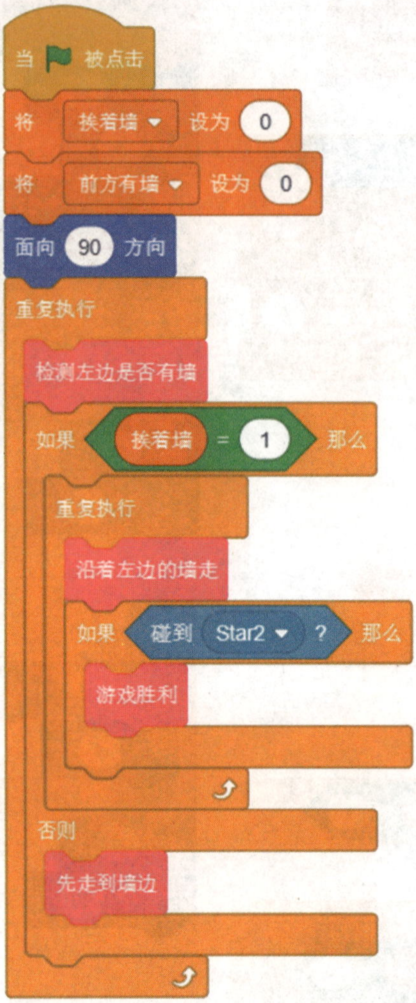

体验

扫一扫：扫描下方二维码体验程序。

拓展

还有没有其他的办法可以走出迷宫呢?

反思

“左手法则”的效率太低,只适用于小范围的固定迷宫,而大范围的迷宫用这种算法会耗费大量的时间。